SELBSTKOSTENBERECHNUNG UND MODERNE ORGANISATION VON MASCHINENFABRIKEN

VON

HERBERT W. HALL

DIPL.-ING. UND FABRIK-BETRIEBSDIREKTOR A. D.

DRITTE, GÄNZLICH UMGEARBEITETE AUFLAGE

MIT 18 ABBILDUNGEN

VERLAG VON R. OLDENBOURG
MÜNCHEN U. BERLIN 1927

DRUCK VON OSCAR BRANDSTETTER IN LEIPZIG

Vorwort zur ersten Auflage.

Die im vorliegenden Werke niedergelegten Gedanken über die Selbstkostenberechnung und die moderne Organisation von Maschinenfabriken sind das Resultat von mehr als 15 jähriger praktischer Erfahrung in der Leitung von großen Fabrikunternehmungen in der Schweiz. Wir übergeben sie der Öffentlichkeit in der Erwartung, manchem Interessenten damit eine wünschenswerte Aufklärung über das Wesen des modernen Betriebes einer Maschinenfabrik geben zu können.

Das Werk ist nicht für Laien geschrieben, es setzt vielmehr gewisse grundlegende Kenntnisse über die allgemeine Organisation von Maschinenfabriken voraus. Es will auch keine Sammlung von Formularen sein, die in der Regel doch nur für genau bestimmte Betriebe von Wert sind. Die wenigen Formularmuster, die wir gebracht haben, dürften immerhin ein gewisses Interesse beanspruchen.

Wenn von nicht ganz vorurteilsfreier Seite behauptet wird, moderne Organisation sei gleichbedeutend mit Bureaukratie, womit der ablehnende Standpunkt gegenüber ersterer gekennzeichnet werden will, so möge darauf hingewiesen werden, daß diese Bureaukratie auf jeden Fall eine rentable ist.

Möge dieses Buch helfen, manche jener Vorurteile zu beseitigen, durch welche in wirklich unbegründeter Weise zwischen alter und moderner Organisation der Fabrikbetriebe eine Scheidewand aufgerichtet ist.

Zürich, im Mai 1913.

Der Verfasser.

Vorwort zur zweiten Auflage.

Die schon lange nötig gewesene Neuauflage des vorliegenden Werkes mußte der Kriegsereignisse wegen auf bessere Zeiten verschoben werden. In Abweichung von dem in der ersten Auflage befolgten Grundsatze hat der Verfasser nunmehr im Anhang eine große Anzahl von praktisch erprobten und bewährten Formularen aufgenommen, die den ausführenden Organen des Werkstättenbetriebes beim Entwerfen von neuen Formularen als Muster dienen können. Bei Anlaß der praktischen Durchführung von Organisationsarbeiten in einer stattlichen Anzahl von schweizerischen Maschinenfabriken sind dem Verfasser von technischen wie kaufmännischen Beamten eine Fülle von Anregungen und Wünschen zur Kenntnis gebracht worden, die bei dieser Neuauflage seines Werkes zum Teil Berücksichtigung gefunden haben. Dementsprechend wurde mehr Gewicht darauf gelegt, das Wesen der modernen Organisation, den Zusammenhang zwischen den einzelnen Teilgebieten und die Übergangsstellen vom einen zum andern hervorzuheben. Durch Aufnahme einiger Abschnitte über die Gewinn- und Verlustrechnungen und Bilanzen von Maschinenfabriken und über die Berechnung der Unkostenkoeffizienten wird den sich stets wiederholenden Wünschen der Ingenieure, durch Einschaltung zweier Abschnitte über die Entwicklung der Ergebnisrechnungen vom einfachsten bis zum kompliziertesten Falle, sowie über die Ermittlung der konstanten und variablen Unkosten aus den Gewinn- und Verlustrechnungen, solchen der kaufmännischen Oberbeamten Rechnung getragen. Weitergehenden Anregungen, es möchte das Buch, unter Beibehaltung der allgemeinen Anordnung des Stoffes, zu einem Lehr- und Nachschlagebuch für den praktischen Werkstättenbetrieb und zu einem ständigen Ratgeber der ausführenden Ingenieure und Beamten ausgestaltet werden, konnte nicht Folge gegeben werden. An dieser Stelle sei allen Mitarbeitern bei Ein- und Durchführung von Neuorganisationen der beste Dank des Verfassers ausgesprochen.

Nicht geringer Dank gebührt der Verlagsbuchhandlung, die trotz der schweren Zeiten es unternommen hat, das Werk in der vorliegenden mustergültigen Ausstattung zur Veröffentlichung zu bringen.

Zürich, im August 1919.

Der Verfasser.

Vorwort zur dritten Auflage.

Gegenüber der 2. Auflage vom August 1919 zeigt die vorliegende 3. Auflage ganz wesentliche Änderungen. Manches, was damals als neu galt, bzw. von Fachleuten ausdrücklich als neu bezeichnet worden war, ist inzwischen von anderen Autoren in selbstständigen Arbeiten weiterverarbeitet und vertieft worden. Seitdem der AwF, Ausschuß für wirtschaftliche Fertigung beim Reichskuratorium für Wirtschaftlichkeit, im September 1920 seinen „Grundplan der Selbstkostenberechnung" veröffentlicht hat, ist der industriellen Selbstkostenberechnung in der Theorie wie in der Praxis eine Bahn vorgezeichnet worden, von der in der Hauptsache nicht mehr abgewichen werden dürfte.

Die neuzeitliche Organisation stellt größere Anforderungen an die Zusammenarbeit der Buchhaltung und der Selbstkostenberechnung. Diesem Streben auf einen bestimmten Zweck hin muß jedes neue Werk Rechnung tragen. In der vorliegenden 3. Auflage ist dies dadurch geschehen, daß die Buchhaltung als Grundlage für die Selbstkostenberechnung und in engster Verbindung mit dieser letztern behandelt wird. In unmittelbarem Anschlusse erhält die Selbstkostenberechnung unter Berücksichtigung der für die Buchhaltung befolgten Methode eine gänzlich neue Bearbeitung. Bei der Behandlung des Stoffes ist ein besonderes Gewicht auf die „Systematik" gelegt worden, weil die Zusammenhänge, die zwischen der Buchhaltung und der Selbstkostenberechnung bestehen müssen, nur mit ihrer Hilfe zu einer klaren Darstellung gebracht werden können.

Im dritten Teile hat das neue Standardsystem als Budgetsystem die ihm gebührende Würdigung gefunden. Das Budgetsystem ist zweifellos in kürzester Zeit berufen, in der Bewirtschaftung von industriellen Unternehmungen eine besondere Rolle zu spielen, intern in Verbindung mit der Budgetkontrolle, als systematischer Verlustquellen-Anzeiger, extern in Verbindung mit der Konjunkturforschung und Konjunkturbeobachtung, als auf Wirtschaftsschwankungen reagierendes Barometer.

Der Verfasser erfüllt gern eine Pflicht der Dankbarkeit, indem er an dieser Stelle seinen in Organisationsfragen sachkundigen Freunden, Herrn Oberingenieur F. Düring in Basel und Herrn H. Gisi, Beratender Ingenieur in Zürich, den besonderen Dank ausspricht für die vielen wertvollen Anregungen, die ihm in häufigen Besprechungen zuteil geworden sind.

Zürich, Juni 1927.

Der Verfasser.

Inhaltsverzeichnis.

I. Teil. Die Systematik in der Buchhaltung.

1. Die Wertverschiebungen innerhalb der Wirtschaftseinheit.

Bei der Gründung einer Sonderwirtschaft, beispielsweise einer Maschinenbau-Aktiengesellschaft, wird das erforderliche Kapital von den Aktionären zur Verfügung gestellt zur Beschaffung der Wirtschaftsgüter, die zum Betriebe des Unternehmens notwendig sind. Es sind dies: Land, Gebäude, Maschinen, Barmittel u. a. und es stellen dieselben bestimmte Werte dar. Die angekauften Rohstoffe wird die Fabrik mit Hilfe ihrer Fertigungseinrichtungen bearbeiten und in Erzeugnisse verwandeln. Durch deren Veräußerung mit einem Gewinnzuschlag werden dieselben wieder in Geldmittel zurückverwandelt. Es findet also ein ständiger Kreislauf von Werten statt.

Die in einer Wirtschaftseinheit möglichen Abrechnungen können 1. für einen Zeitpunkt, 2. für einen Zeitabschnitt und 3. für eine Sache, unberücksichtigt der Zeit, aufgestellt werden. Die für einen Zeitpunkt aufgestellten Abrechnungen geben Aufschluß über einen Augenblickszustand der Wirtschaftseinheit: als Hauptbeispiel ist hier die Bilanz zu nennen. Die periodischen Abrechnungen sind vorzugsweise Ergebnisrechnungen, die einen Einblick in die Wirtschaftstätigkeit während eines Zeitabschnittes bieten. Als Beispiel ist hier die kaufmännische Gewinn- und Verlust-Rechnung anzuführen. Die dritte Art ist von der Zeit unabhängig und erstreckt sich über die Abrechnung von Sachen, das sind Erzeugnisse, Waren usw. Die Bestimmung der Selbstkosten eines Erzeugnisses ist ein Beispiel dieser Art.

In jeder Fabrik gibt es zwei Dienststellen, deren Aufgabe es ist, die sich aus den normalen Tätigkeiten ergebenden Wertverschiebungen zu erfassen. Die Hauptbuchhaltung verfolgt die Verschiebungen nach kaufmännischen Grundsätzen, um als Schlußergebnis den Gewinn, den Gesamterfolg des Unternehmens angeben zu können, der in der Gewinn- und Verlust-Rechnung einen zahlenmäßigen Ausdruck findet, während in der Bilanz der neue Vermögensstand des Unternehmens ausgewiesen wird. Die Selbstkostenberechnungsstelle — diese in der Praxis nicht verwendete Bezeichnung möge die funktionelle Tätigkeit der Stelle zum Ausdruck bringen — hat die Aufgabe, die Wertverschiebungen auch nach technischen Gesichtspunkten für jedes einzelne Erzeugnis zu ordnen mit dem ganz bestimmten Zwecke, die Selbstkosten der Erzeugnisse zu ermitteln. Als Erzeugnisse kommen nicht nur solche in Betracht, die im Auftrage von Kunden hergestellt werden, sondern auch jene, die bis zum Verkaufe als Vorräte in den Lagern aufbewahrt werden, sowie Gegenstände für den eigenen Bedarf, welche die Fabrik selber herstellt, statt sie von auswärtigen Lieferern zu beziehen.

Die Hauptbuchhaltung braucht um ihrer Aufgabe gerecht zu werden, die Selbstkosten jedes einzelnen Erzeugnisses gar nicht zu kennen. Ihr genügt die Kenntnis der Gesamtheit aller Wertveränderungen, die sich innerhalb eines bestimmten Zeitabschnittes — des Rechnungs- oder Geschäftsjahres — vom Moment der ersten Aufwendungen an, bis zur Fertigstellung und Verrechnung der Erzeugnisse abspielen. Beim Abschluß des Geschäftsjahres sind aber stets Erzeugnisse vorhanden, die noch in der Fertigung oder die beim Kunden im Zusammenbau begriffen, d. h. die nur teilweise bearbeitet bzw. fertig sind. Der Wert dieser unfertigen Erzeugnisse läßt sich durch eine körperliche Aufnahme oder unter Berücksichtigung aller schriftlichen Aufzeichnungen über den Fortschrittsgrad der Herstellung bzw. des Zusammenbaues bestimmen, wobei im ersten Falle die Genauigkeit der Bewertung innerhalb weiter Grenzen schwanken kann. Unter allen Umständen ist eine Bewertung möglich und damit hat die Hauptbuchhaltung die Möglichkeit, auch diese Werte in ihre Berechnungen einzubeziehen.

Die Selbstkostenberechnungsstelle verfolgt dagegen die Entstehung j e d e s e i n z e l n e n Erzeugnisses in allen ihren Phasen, stellt die Wertveränderungen v o n N u l l an zusammen, bis schließlich aus der Summe aller ein Wert sich ergibt, der eben als S e l b s t k o s t e n des Erzeugnisses bezeichnet wird. Die weitere Kostenverfolgung bis zur Abgabe an den Kunden ermöglicht es auch ihr, den am verkauften Erzeugnis erzielten Gewinn — einen T e i l des Gesamterfolges — zu bestimmen. Sie ist auch imstande, die an die Lager oder an die Fabrik für den eigenen Bedarf abgelieferten Fertigerzeugnisse, sowie die unfertigen Erzeugnisse, zu jeder Zeit richtig zu bewerten.

In der Sonderwirtschaft gibt es sodann noch Wertveränderungen, die mit der Fertigung nichts zu tun haben, wie z. B. Gewinne an Wertschriften, die im Kurs gestiegen sind, Verluste an zahlungsunfähigen Schuldnern, Wertverminderungen an Rohstoffen, deren Preise gefallen sind, u. a. m. Die Selbstkostenberechnungsstelle bezieht solche Wertänderungen selbstredend nicht in ihre Berechnungen ein, während die Hauptbuchhaltung sie zu berücksichtigen hat.

Aus dem Gesagten geht hervor, daß die Hauptbuchhaltung unabhängig von der Selbstkostenberechnungsstelle ihre vom Standpunkte der Finanzen klar umschriebene Aufgabe — die Bestimmung des Gesamterfolgs des Unternehmens — zu lösen imstande ist, während die Selbstkostenberechnungsstelle bei der Lösung der ihr gestellten Aufgabe auf die Mitarbeit der Hauptbuchhaltung nicht verzichten kann. Immerhin arbeiten beide Dienststellen mit den gleichen Mitteln, es darf daher erwartet werden, daß ihre Schlußergebnisse — abgesehen von den erwähnten, nicht aus der Fertigung herrührenden und beim Vergleich nicht einbezogenen Wertverschiebungen — einander gleich seien, mit anderen Worten:

der von der Hauptbuchhaltung bestimmte Gesamterfolg des Unternehmens muß gleich sein der Summe aller von der Selbstkostenberechnungstelle errechneten Teilerfolge.

So einfach, logisch und unerbittlich diese Schlußfolgerung sich ergibt, so schwierig erweist sich ihre restlose Durchführung in der Praxis, wie unsere späteren Darlegungen zeigen werden.

Es drängen sich die Fragen auf: 1. wie bestimmt die Hauptbuchhaltung den Gesamterfolg des Unternehmens und 2. wie berechnet die Selbstkostenberechnungsstelle die Selbstkosten jedes einzelnen Erzeugnisses? Zur Beantwortung der ersten Frage ist die genaue Kenntnis des innersten Wesens und des Aufbaues der Gewinn- und Verlust-Rechnung und damit auch der Bilanz eines Fabrikunternehmens erforderlich. Die zweite Frage kann beantwortet werden, sobald bekannt ist, was unter dem Begriff der Selbstkosten der Erzeugnisse zu verstehen ist, bzw. aus welchen Elementen die Selbstkosten zusammengestellt sind.

Es liegt nicht in unserer Aufgabe, die Praxis der Buchhaltung in den Kreis unserer Darlegungen einzubeziehen, denn sie hätte für den Buchhaltungsfachmann wenig Interesse, während für den technisch gebildeten Betriebsbeamten, dessen Tätigkeit sich mehr innerhalb der Selbstkostenberechnungsstelle abspielt, die genaue Kenntnis der doppelten Buchhaltung nicht gerade absolut notwendig ist. Immerhin sind die Zusammenhänge zwischen der Hauptbuchhaltung und der Selbstkostenberechnungsstelle durch die Forderung, daß die Schlußergebnisse ihrer Arbeiten einander gleich sein müssen, derart verflochten, daß in einem neuzeitlich organisierten Betriebe der Buchhalter ohne volle

Beherrschung des Wesens der Selbstkostenberechnung und der Betriebsingenieur ohne recht gute Kenntnisse des Wesens der Buchhaltung, auf die Dauer ihre Aufgaben nicht ersprießlich zu erfüllen imstande sind. Wir wollen es daher versuchen, im vorliegenden Werke beiden etwas zu bieten, dem Betriebsbeamten, indem wir ihm das Wesen der Buchhaltung in einer ihm geläufigen mathematischen Form und von der eigentlichen Praxis der Buchhaltung nur so viel erklären, als zum richtigen Verständnis des Ganzen unbedingt erforderlich erscheint, und dem Buchhalter, indem wir die Methode der Selbstkostenberechnung im engsten Zusammenhang mit der Buchhaltung behandeln.

2. Die Grundbegriffe der Buchhaltung.

Die Entstehung einer Bilanz. Durch die Gegenüberstellung von „Werten" und „Kapital" , wie eingangs des 1. Abschnittes erwähnt, wird das Eigentum der Sonderwirtschaft in doppelter Weise ausgewiesen, in Form der Werte als greifbares Eigentum und in Form des Kapitals als rechtliches Eigentum. Die Werte W_0 und das Kapital K sind in Geld ausgedrückt einander gleich und es ergibt sich die Gleichung

$$W_0 = K.$$

Im Laufe der Zeit werden infolge der Verkettung der Sonderwirtschaften unter sich, sowohl die linke wie die rechte Seite der Gleichung gewissen Veränderungen unterworfen. Beispielsweise werden dem Unternehmen von irgendwelcher Seite Kredite eingeräumt, etwa dadurch, daß eine Bank gegen entsprechende Vergütung einen gewissen Geldbetrag zur freien Verfügung stellt, oder daß auf den vorhandenen Grundstücken, Gebäuden, Maschinen u. a. Hypotheken aufgenommen, oder daß gegen einen festen Zinsfuß auf eine bestimmte Anzahl von Jahren unkündbare Obligationen ausgegeben werden. Obwohl die Wirtschaftsgüter des Unternehmens sich um diese Beträge vermehrt haben, gehören die entsprechenden Gegenwerte nicht ihm, sondern anderen, das Unternehmen schuldet diese Beträge und der Wertvermehrung der Wirtschaftsgüter stehen entsprechende Schulden gegenüber, das ursprüngliche Kapital ist jedoch unverändert geblieben. Die ursprüngliche Gleichung $W_0 = K$ geht alsdann über in die Gleichung

$$\text{Werte} - \text{Schulden} = \text{Kapital} \quad \text{oder} \quad W - S = K$$

Es liegt auf der Hand, daß in diesen beiden Gleichungen die Werte W_0 und W einander nicht gleich sind, denn W ist offenbar um den Betrag von S größer als W_0, weil K keine Veränderung erlitten hat.

Geläufiger ist der Begriff der „Schulden", sofern diese entstanden sind durch einen „Überschuß der Ausgaben über die Einnahmen" oder durch „Verluste". Dann wird aber die Substanz der Werte angegriffen und dadurch auch das ursprüngliche Kapital vermindert, was mathematisch durch die Gleichung $W_0 - S = K - S$ zum Ausdruck gelangt.

Im 3. Abschnitt wird gezeigt werden, daß die Bilanz nicht in der Form $W - S = K$, sondern in der Form $W = S + K$ dargestellt wird, genauer genommen, weil die einzelnen Glieder der Gleichung aus einer Anzahl von Summanden bestehen, in der verallgemeinerten Form

$$w_1 + w_2 + \cdots w_x = (s_1 + s_2 + \cdots s_y) + (k_1 + k_2 + \cdots k_z)$$

Die Buchhaltungswissenschaft hat für die entwickelten Gleichungen bestimmte Benennungen eingeführt, und zwar:

$$W_0 = K \qquad \text{Gründungsgleichung,}$$
$$W - S = K \qquad \text{Kapitalgleichung oder Buchhaltungsgleichung,}$$
$$W = S + K \qquad \text{Bilanzgleichung.}$$

Die Kapitalgleichung wird deswegen Buchhaltungsgleichung genannt, weil die Buchhaltung aus ihr den Betrag des Kapitals zu e r r e c h n e n imstande ist als Differenz zwischen W und S.

Wird die Bilanzgleichung $W = S + K$ vom rein mathematischen Standpunkte betrachtet, so zeigt es sich, daß ihre Richtigkeit nicht beeinflußt wird, wenn 1. auf der linken Seite, oder auch auf der rechten Seite, eine Größe hinzugefügt und dieselbe Größe wieder abgezogen, 2. auf beiden Seiten eine und dieselbe Größe hinzugefügt oder auch abgezogen wird.

Die Feststellung ist äußerst wichtig, daß die Richtigkeit der Gleichung nur dann gewahrt ist, wenn z w e i Operationen vorgenommen werden, die, wenn sie auf derselben Seite stattfinden, entgegengesetzte Vorzeichen, wenn sie auf beiden Seiten stattfinden, das gleiche Vorzeichen haben müssen. Es gelten grundsätzlich folgende Gleichungen:

$$1. \quad W + a - a = S + K \qquad\qquad 6. \quad W + a = S + (K + a)$$
$$2. \quad W = (S + a - a) + K \qquad\qquad 7. \quad W - a = S + (K - a)$$
$$3. \quad W = S + (K + a - a) \qquad\qquad 8. \quad W = (S + a) + (K - a)$$
$$4. \quad W + a = (S + a) + K \qquad\qquad 9. \quad W = (S - a) + (K + a)$$
$$5. \quad W - a = (S - a) + K$$

aus denen zu ersehen ist, daß auf beiden Seiten Größen mit dem positiven wie mit dem negativen Vorzeichen vorkommen können.

Aus den Gleichungen geht auch hervor, daß Buchungen gemäß Gl. 1, 2 und 3 keine Veränderungen in den absoluten Zahlenwerten von W, oder S, oder K verursachen, daß solche gemäß Gl. 8 und 9 keine Veränderungen in dem absoluten Zahlenwert der Summe von S und K auf der rechten Seite der Gleichungen ergeben, und daß nur die Buchungen gemäß Gl. 4, 5, 6 und 7 wirkliche Wertveränderungen der absoluten Beträge von W, S oder K nach sich ziehen.

Zur Durchführung der Rechnungen können an Stelle der Gleichungen Zahlentafeln verwendet werden, indem für die linke Seite der Gleichung eine und für die rechte Seite zwei Tafeln mit je zwei Vertikalreihen benutzt werden, von denen die eine die positiven und die andere die negativen Größen aufnimmt. Die linke Tafel wird durch das Gleichheitszeichen mit den beiden rechten und diese letzteren durch das Pluszeichen unter sich verbunden, wie folgendes Bild zeigt:

Soll	Haben		Soll	Haben		Soll	Haben
+	−		−	+		−	+
W		=		S	+		K

Auf der linken Tafel steht das Pluszeichen links und das Minuszeichen rechts, während bei den rechten Tafeln umgekehrt links das Minuszeichen, rechts dagegen das Pluszeichen steht. Die wahre Bedeutung dieser Zeichen und die Notwendigkeit der Zeichenumkehr von links nach rechts werden wir sogleich kennen und verstehen lernen.

Die Buchhaltungswissenschaft nennt eine solche Zahlentafel ein K o n t o, überschreibt die linke und die rechte Seite nicht mit + und − bzw. − und +, je nachdem es sich um eine Darstellung der linken oder rechten Seite der Gleichung handelt, sondern durchwegs mit S o l l und H a b e n, Ausdrücken, die nichts anders besagen, als daß Soll stets die linke Seite und Haben stets die rechte Seite eines Kontos bezeichnet.

Zum richtigen Verständnis der praktischen Anwendung der Gl. 1 bis 9 darf nicht übersehen werden, daß die einzelnen Glieder der Gleichung $W = S + K$ aus einer mehr oder weniger großen Anzahl von Summanden, von Konten w_1, w_2, $w_3 \ldots$, s_1, s_2, $s_3 \ldots$, k_1, k_2, $k_3 \ldots$ bestehen, deren Benennungen wir in den folgenden Abschnitten kennen lernen werden. Beispielsweise würde bei der Gl. 1 die Größenänderung $+a$ sich auf das

Konta w_1, — a auf w_4 beziehen, bei der Gl. 8 die Zunahme $+ a$ im Konto s_3, die Abnahme — a im Konto k_2 vorgenommen usw., denn es hätte keinen Sinn, in einem und demselben Konto $+ a$ und — a hinzuschreiben.

In den Konten $w_1 \ldots$, $s_1 \ldots$, $k_1 \ldots$ sammeln sich im Laufe des Geschäftsjahres Beträge auf den linken und auf den rechten Seiten an, und zwar überwiegen bei den W-Konten die Sollseiten, während bei den S- und K-Konten die Habenbeträge größer sind. Der Überschuß der Sollseite eines Kontos wird als Sollsaldo und derjenige der Habenseite Habensaldo genannt. Die Summe aller Sollsaldi der während des Jahres geführten Konten $w_1, w_2 \ldots$ ergibt am Ende desselben den neuen Betrag W_e der linken Seite der Bilanzgleichung, die Summe aller Habensaldi der Konten $s_1, s_2 \ldots$ bzw. k_1, $k_2 \ldots$ ergeben die neuen Beträge von S_e und K_e auf der rechten Seite. Die Konten an sich, mit allen Niederschriften links und rechts besagen nichts, so lange nicht ihre Saldi bekannt bzw. berechnet sind. Diese Saldi sind es, die in die Bilanz übergeführt werden. Die Art und Weise, wie die Übertragungen solcher Saldi aus einem Konto in das andere bzw. in die Bilanz buchhalterisch vorzunehmen sind, soll im 10. Abschnitt gezeigt werden.

Zwischen dem Zustande $W = S + K$ am Anfang des Jahres und $W_e = S_e + K_e$ am Ende des Jahres können zu beliebig gewählten Zeiten Zwischenzustände $W_z = S_z + K_z$ buchhalterisch ermittelt werden. Dementsprechend kann von einer Eröffnungsbilanz, einer Schlußbilanz oder von Zwischenbilanzen die Rede sein. Letztere werden in der Regel monatlich aufgestellt und sollen im 7. Abschnitt bei der Besprechung der „kurzfristigen Erfolgsrechnungen" ihre besondere Würdigung finden.

Die Bedeutung von Soll und Haben. Die Buchhaltung hat von jeher bei allen, sich auf die greifbaren Werte W beziehenden Konten eine Zunahme des Bestandes in das Soll, eine Abnahme in das Haben gebucht, so daß ersteres einem $+$ und letzteres einem — entspricht, wohl von der Erwägung geleitet, daß auch im Privatleben bei der Kassenführung die Einnahmen links und die Ausgaben rechts niedergeschrieben werden.

Es werde beispielsweise auf der Bank, wo uns ein Guthaben zur Verfügung steht, Bargeld abgehoben und in die Kasse eingelegt, dann erfolgt die Buchung: Kassa Soll an Bank Haben, denn der Kassabestand hat zugenommen, während unser Guthaben bei der Bank abgenommen hat. Beim Ankauf von Rohstoffen gegen Bar würde die Buchung lauten: Rohstoffe Soll an Kassa Haben, weil der Bestand an Rohstoffen zugenommen, während der Kassabestand an Bargeld abgenommen hat.

Alle der Gl. 1 entsprechenden Buchungen innerhalb der W-Konten dürften nach dem Gesagten ohne weiteres verständlich sein. Anders verhält sich die Sache, wenn ein W-Konto und ein S-Konto aufeinander abgestimmt werden müssen, etwa gemäß Gl. 4 oder Gl. 5. Beispielsweise nimmt beim Ankauf von Rohstoffen auf Kredit der Rohstoffbestand zu (Rohstoffe Soll), aber dafür entsteht eine Zahlungsverpflichtung an den Lieferanten, d. h. unsere Schulden nehmen zu. Die Buchung lautet: Rohstoffe Soll an Gläubiger Haben, d. h. eine Zunahme der Rohstoffe wird in das Soll, jedoch eine Zunahme der Schulden in das Haben gebucht. Es liegt auf der Hand, daß die Bezeichnung Haben im W-Konto nicht dieselbe Bedeutung hat wie die nämliche Bezeichung im S-Konto, sondern die entgegengesetzte.

Ein Beispiel gemäß Gl. 5: die Schuld an den Rohstofflieferanten wird durch die Kasse beglichen, dann nimmt der Kassabestand ab (Kassa Haben), aber auch die Schuld nimmt ab, daher die Buchung: Gläubiger Soll an Kassa Haben. Eine Abnahme des Kassabestandes wird somit in das Haben, jedoch eine Abnahme der Schulden in das Soll gebucht. Es ist offenbar, daß im W-Konto die Bezeichunng Soll die entgegengesetzte Bedeutung hat von der nämlichen Bezeichnung im S-Konto.

Ähnlich liegen die Verhältnisse bei der Abstimmung eines W-Kontos mit einem K-Konto, wie folgende Beispiele zeigen. Gl. 6: Unsere Bank schreibt uns die Zinsen unseres Guthabens gut, dann nimmt unsere Forderung an die Bank zu (Bank Soll), aber auch das Kapital nimmt zu, und die Buchung lautet: Bank Soll an Kapital Haben. Gl. 7: Steuern werden mittels Postschecks bezahlt, dann nimmt der Bestand des Postscheckkontos ab (Postscheck Haben), aber auch das Kapital nimmt ab und die Buchung lautet: Kapital Soll an Postscheck Haben.

Es zeigt sich somit bei den K-Konten, genau wie bei den S-Konten, daß die Bezeichnungen Soll und Haben den Bezeichnungen Haben und Soll der W-Konten entsprechen. Die notwendige Zeichenumkehr von links nach rechts dürfte damit wohl bewiesen sein.

Die Buchhaltungswissenschaft ist sich dessen vollkommen bewußt, daß das richtige Erfassen der entgegengesetzten Bedeutungen von Soll und Haben in den W-Konten und in den S- bzw. K-Konten nicht nur dem Anfänger, sondern auch dem Fortgeschrittenen nicht unerhebliche Schwierigkeiten bereitet. Es bedarf von Seite des Schülers eines längeren Studiums und einer zeitraubenden Beschäftigung mit der Lösung von Aufgaben aus der Praxis, bis er die Schwierigkeiten überwunden hat und dennoch lehrt die tägliche Erfahrung, daß Irrtümer in der richtigen Anwendung der Buchungssätze immer wieder vorkommen. Die oben erwähnten Beispiele sind leicht faßbar, sobald sie einmal richtig erklärt worden sind. In der Praxis gibt es jedoch verwickeltere Buchungen, die an den Scharfsinn des Buchhalters nicht geringe Anforderungen stellen.

Zeichnerische Darstellung von Soll und Haben. Von den vielen Versuchen, die gemacht worden sind, um die wirklichen Bedeutungen von Soll und Haben für alle Konten überhaupt, ein für allemal restlos zu erklären, führen deren zwei relativ rasch zum Ziele: 1. der rein buchhalterische Vorschlag, die Bedeutung von Soll und Haben aus dem Sinne dieser Bezeichnungen in der Bilanz abzuleiten und 2. die rein mathematischen Ableitungen, mit Hilfe der Vorzeichen $+$ und $-$, unter Benutzung von zeichnerischen Darstellungen von Wagen, Seilzügen u. a. m. Letztere sind jedoch in der Regel nur dem mathematisch Gebildeten zugänglich und haben den Nachteil, daß sie sich dem Gedächtnis nur schwer einzuprägen vermögen, daher bald nicht mehr befriedigen. Es ist deshalb nicht zu verwundern, wenn Autoritäten in der Buchhaltungswissenschaft es offen aussprechen, daß eine einwandfreie, alle Buchungen berücksichtigende Darstellung der doppelten Buchhaltung niemals gelingen werde.

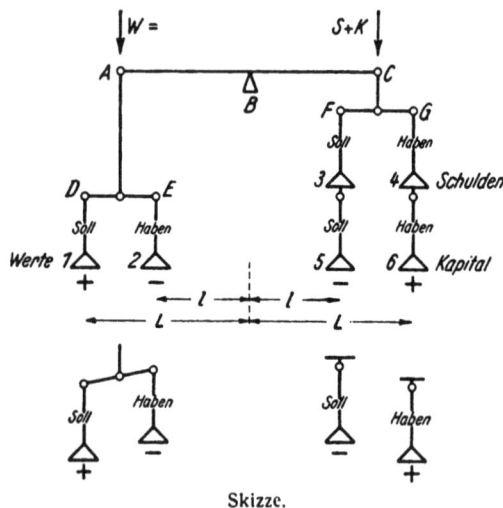

Nachdem bisher der buchhalterische Weg eingeschlagen worden ist, soll noch gezeigt werden, wie eine theoretisch richtig konstruierte

Buchhaltungs- und Bilanz-Saldowage

nach obenstehender Skizze allfällig noch bestehende Unklarheiten in recht anschaulicher Weise zu beheben vermag.

Die Wage besteht aus dem gleicharmigen Wagebalken ABC, an welchem die Nebenwagen DE und FG aufgehängt sind. Die Wageschalen 1 und 2 stellen das Soll und Haben bzw. $+$ und $-$ der W-Konten, die Schalen 3 und 4 bzw. die mit denselben gekoppelten Schalen 5 und 6 das Soll und Haben bzw. das $-$ und $+$ der S- bzw. K-Konten dar. Zur Darstellung der in W, S und K enthaltenen Unterkonten denke man sich die Schalen mit so vielen Fächern versehen als Unterkonten vorhanden sind. Die Hauptwage ABC und die Nebenwagen DE und FG müssen gewisse ideale Eigenschaften haben, die mit denen der Konten übereinstimmen, die sie darstellen, sie müssen nur auf die Saldi, nicht auf die absoluten Beträge der eingelegten Gewichte reagieren, daher der Name Saldowage. Einlagen $+a$ in die Schale 1 und $-a$ in 2 ergeben keinen neuen Saldo, beeinflussen somit weder die Nebenwage DE noch die Hauptwage ABC. Das gleiche gilt für die rechte Seite. Eine Einlage in 1 kann nur durch eine gleich große Einlage in 4 oder 6, eine Einlage in 2 nur durch eine gleich große in 3 oder 5 aufgehoben werden, weil die Hebelarme L und 1 ungleich lang sind. Ein Überschuß in 1, der nicht durch einen solchen in 4 oder 6 ausgeglichen wird, würde wiederum einen Saldo ergeben und das Gleichgewicht der Hauptwage ABC stören, was sich durch einen Ausschlag des Hauptbalkens nach der Störungsseite hin bemerkbar machen müßte, mit anderen Worten:

Soll oder $+$, bzw. Haben oder $-$, eines W-Kontos entsprechen Haben oder $+$, bzw. Soll oder $-$, eines S-Kontos oder eines K-Kontos.

Das Wesen der doppelten Buchhaltung. Aus der dargestellten, zu den mehrfach erwähnten 9 Gleichungen führenden mathematischen Ableitung geht klar hervor, warum jede Größenänderung auf der einen oder auf der andern Seite der ursprünglichen Bilanzgleichung doppelt niedergeschrieben werden muß. Eine einfache Niederschrift würde die Gleichheit der beiden Seiten stören und die Störung kann nur durch eine zweite, mit dem entgegengesetzten bzw. dem gleichen Vorzeichen versehene Niederschrift behoben werden. Die zweifachen Buchungen der „doppelten Buchhaltung" sind somit durch nichts anders bedingt als die Notwendigkeit der Aufrechterhaltung des jederzeitigen mathematischen Gleichgewichtes zwischen den beiden Seiten der Bilanzgleichung, d. h.:

Jeder Eintragung in das Soll eines Kontos muß eine solche in das Haben eines andern Kontos sofort folgen.

Sodann haben wir gesehen, daß die einzelnen Glieder der am Anfang des Geschäftsjahres geltenden Bilanzgleichung $W = S + K$ während desselben Wertveränderungen erleiden, die schließlich am Ende des Jahres zu einer neuen Bilanzgleichung $W_e = S_e + K_e$ führen. Das alsdann vorhandene Kapitel K_e läßt sich somit errechnen aus der Differenz von W_e und S_e, während der Betrag von K_e gleich sein muß dem Betrag von K plus alle Kapitalvermehrungen, minus alle Kapitalverminderungen während des Jahres, über welche die Buchhaltung eine Rechenschaft abzulegen hat. Zu diesem Zwecke wird ein besonderes Konto angelegt, in welchem nur jene Wertveränderungen des Kapitals im Sinne von Vermehrungen oder Verminderungen eine Aufnahme finden. Das Kapital findet sich dadurch während des Jahres auf zwei Konten vor: 1. dem eigentlichen Kapital-Konto, das in unserm Beispiel über das stets gleichbleibende Aktienkapital und 2. dem sogenannten Gewinn- und Verlust-Konto, das über die Wertveränderungen des Kapitals, d. h. über den Erfolg Rechenschaft gibt.

Die doppelte Buchhaltung führt ihren Namen nicht nur darauf zurück, daß alle ihre Buchungen doppelt niedergeschrieben werden müssen, sondern auch darauf, daß sie die Möglichkeit bietet, den Betrag des Kapitals auf zweifache Weise aus den während des Geschäftsjahres vorgenommenen Buchungen zu berechnen.

Die Gewinn- und Verlust-Rechnung und die Bilanz bilden die letzten Glieder des Rechnungsabschlusses einer Wirtschaftseinheit, es ist daher logisch, daß die Einrichtung ihrer Buchhaltung davon abhängig gemacht wird, welchen Inhalt man den beiden Rechnungen geben will.

3. Die zur Veröffentlichung bestimmte Bilanz sowie Gewinn- und Verlust-Rechnung einer Maschinenbau-Anstalt A.-G.

Die Bilanz. Wie bereits erwähnt, werden in der, die finanzielle Lage —den Vermögensstand — eines Unternehmens am Zeitpunkte des Schlusses des Geschäftsjahres zum Ausdruck bringenden Bilanz — der Vermögensrechnung —, die auf der linken Seite niedergeschriebenen greifbaren Werte W, die der Kaufmann mit Aktiven bezeichnet, den auf der rechten Seite angegebenen Schulden und dem Kapital, deren Gesamtheit als Passiven überschrieben wird, gegenübergestellt. Im gewöhnlichen Sprachgebrauch wird sonst das Wort „Passiven" nur auf die Schulden angewandt, während es in der Bilanz die Schulden und das Kapital umfaßt. Diese Nichtübereinstimmung fällt besonders auf, wenn der Kaufmann die Kapitalgleichung $W - S = K$ wörtlich wie folgt wiedergibt: die Differenz zwischen Aktiven und Passiven ist gleich dem Kapital und die Bilanzgleichung $W = S + K$: die Aktiven der Bilanz sind gleich den Passiven. Die Buchhaltung faßt das als Aktiven in der Bilanz erscheinende greifbare Eigentum des Unternehmens als „aktive Bestandswerte" auf, für welche „aktive Bestandskonten" eingerichtet werden, während die Schulden in den „passiven Bestandskonten" und das Kapital in den „Kapitalkonten" ihren buchhalterischen Ausdruck finden. Die Wiederholung dürfte nicht überflüssig sein, daß nur die Sollsaldi der aktiven Bestandskonten und nur die Habensaldi der passiven Bestandskonten und der Kapitalkonten in der Bilanz erscheinen.

Die Grundsätze der Bilanzaufstellung sind in den Kulturstaaten durch Gesetze festgelegt. Beispielsweise lautet der erste Satz des Art. 656 des Schweiz. Obligationenrechtes: „Die Bilanz ist so klar und übersichtlich aufzustellen, daß die Aktionäre einen möglichst sichern Einblick in die wirkliche Vermögenslage der Gesellschaft erhalten".

Die Bilanz in Abb. 1 zeigt, daß dieser Vorschrift im großen ganzen Genüge geleistet ist. Auf der rechten Seite sind nebst den schon bekannten Kapitalkonten: Aktienkapital-Ko. und GVRechnung noch zwei weitere Kapitalkonten angegeben: ordentlicher Reservefond und außerordentlicher Reservefond, deren Entstehung durch angesammelte Rücklagen wohl nicht erörtert zu werden braucht. In manchen Veröffentlichungen werden die Obligationen als Obligationenkapital bezeichnet. Diese Bezeichnung ist zwar für den Fachmann nicht irreführend, sollte aber in einer Bilanz nicht vorkommen, denn die Obligationen sind nicht Kapital, sondern Schulden.

Die Gewinn- und Verlust-Rechnung, Abb. 2, zeigt auf der linken Seite die Sollsaldi aller Konten, die sich auf Verminderungen, auf der rechten Seite die Habensaldi aller Konten, die sich auf Vermehrungen des Kapitals beziehen. Diese Konten werden „Erfolgskonten" genannt. Der Überschuß der Habenseite über die Sollseite gibt den während eines Zeitabschnittes, des Geschäftsjahres, erzielten „Erfolg" als Aktivsaldo, als Gewinn an. Die GVRechnung ist eine Erfolgsrechnung.

Die beiden Rechnungen Abb. 1 und 2 zeigen recht deutlich die praktische Anwendung der im 2. Abschnitt entwickelten Theorie, daß die doppelte Buchhaltung die Möglichkeit bietet, den Betrag des Kapitals auf zweifache Weise aus den während des Geschäftsjahres vorgenommenen Buchungen zu berechnen. Einmal zeigt die GVRechnung am letzten Tage eines Zeitabschnittes — des Geschäftsjahres —, daß das Kapital im Laufe dieses Zeitabschnittes um den berechneten Gewinn zugenommen hat. Das andere Mal geht aus der Bilanz hervor, daß an demselben Zeitpunkt — dem letzten Tage des Geschäftsjahres —, nach Abzug der alsdann vorhandenen Schulden von den alsdann wirklich greifbaren Werten sich ein Kapitalwert ergibt, der um eben jenen Gewinn größer ist als das am Anfang des Zeitabschnittes ausgewiesene Kapital.

Die sichtbaren Zusammenhänge zwischen der Bilanz und der GVRechnung. Bei genauerer Betrachtung der beiden Rechnungen fallen gewisse Zusammenhänge ohne weiteres auf, zunächst in dem Gewinn des Rechnungsjahres, der sich in der Bilanz als Überschuß der Aktiven über die Summe von Schulden und ursprünglich vorhandenem Kapital auf der rechten Seite zeigt, während die GVRechnung den nämlichen Betrag als Überschuß der Kapitalvermehrungen über die Kapitalverminderungen auf der linken Seite aufweist. Aus den eingeschriebenen Zahlen ist ersichtlich, daß in diesem Gewinn ein Vortrag aus dem verflossenen Geschäftsjahre enthalten ist.

Dann weist die GVRechnung Erträge auf an Aktivzinsen und aus Wertschriften und Beteiligungen. Es ist einleuchtend, daß die vorhandenen Wohnhäuser Mietzinsen und die Guthaben Aktivzinsen hereingebracht haben, während die Wertschriften und die Beteiligungen an anderen Gesellschaften ebenfalls zu Einnahmen Anlaß gegeben haben. Auf der linken Seite der GVRechnung sind Ausgaben verzeichnet, die von der Zahlung von Obligationen- und Hypothekenzinsen und von sonstigen Passivzinsen herrühren. Auch das ist klar, denn die Schulden müssen verzinst werden, wenn auch nicht immer, wie etwa bei den Kundenanzahlungen, für welche nur ausnahmsweise Zinsen entrichtet werden. Die Abschreibungen beziehen sich, wie angegeben, auf greifbare Werte, die sämtlich in der Bilanz ausgewiesen sind. Ihr relativ geringer Betrag ist mit Rücksicht auf die schon stark abgeschriebenen Werte — man vergleiche diese mit den angegebenen Versicherungssummen — erklärlich. Die Ausgaben für Reparaturen sind besonders angegeben, weil es die kaufmännische Gepflogenheit verlangt. Auf welche Bestandswerte sie sich beziehen, wird nicht gezeigt.

Die unsichtbaren Zusammenhänge zwischen der Bilanz und der GVRechnung. Dann bleiben links die einen hohen Betrag aufweisenden Unkosten und rechts der mit einem noch höheren Betrag eingesetzte Ertrag aus der Fabrikation übrig, über deren Herkunft und Zusammenhang mit den Bilanzposten keine Auskunft gegeben wird. Sicher ist es, daß zur Herstellung von Erzeugnissen aller Art Rohstoffe und Löhne aufgewandt worden sind, nicht nur Unkosten, von denen ein großer Teil dem Zwecke der Fertigung und ein kleinerer Teil zum Vertrieb der Erzeugnisse und zur Verwaltung des Unternehmens gedient haben. Irgendeine Verbindung mit den in den Bilanzaktiven ausgewiesenen Materialien und mit den Geldwerten, behufs Zahlung der Löhne, muß im Laufe des Geschäftsjahres sicher stattgefunden haben. Dem Ertrag des Fabrikations-Kontos stehen in der GVRechnung jedoch nur Ausgaben für Unkosten gegenüber, nicht auch solche für Material und Lohn. In dieser Beziehung ist die GVRechnung unvollständig und es muß wohl ein bestimmter Grund vorliegen, warum diese Unvollständigkeit als etwas selbstverständliches hingenommen wird. Der Grund liegt darin, daß es nicht im Interesse des Unternehmens liegt, den Außenstehenden Angaben über den Verbrauch an Materialien und an Löhnen zu machen — in diesem Falle wären es nur Produktivmaterialien und Produktivlöhne, genauer ausgedrückt Einzelmaterialien und Einzellöhne, die wir später bei der Selbstkostenberechnung näher kennen lernen werden, während die Betriebsmaterialien und Betriebslöhne in dem großen Posten der Unkosten untergebracht sind —, weil der Fachmann daraus manche Schlüsse zu ziehen vermöchte, die als Geschäftsgeheimnisse gehütet werden müssen. Ebenso unerwünscht ist die Bekanntgabe des Erlöses aus den verkauften Erzeugnissen, des „Umsatzes" des Jahres. Der Kaufmann umgeht die Preisgabe eines Geschäftsgeheimnisses einfach dadurch, daß er von vornherein den Betrag der Aufwendungen an Material und Lohn vom Erlös in Abzug bringt und den so gefundenen Unterschied als „Ertrag des Fabrikations-Kontos" in die GVRechnung einsetzt, Abb. 2. Diese enthält deshalb keine Angaben über den Verbrauch von Material und Lohn. Sie gibt keine Antwort auf die Frage: welche Ausgaben an Material, Lohn und Unkosten — diese im allgemeinsten Sinne verstanden, also einschließlich Abschreibungen, Passivzinsen und Reparaturen — stehen dem Erlös aus den verkauften Erzeugnissen gegenüber, sondern nur auf die Unterfrage: deckt derjenige Teil des Erlöses aus den verkauften Erzeugnissen, der übrigbleibt, nachdem die Aufwendungen für Material und Lohn abgezogen sind, die wirklich aufgewandten Unkosten oder nicht? Aber auch auf diese Unterfrage gibt sie keine eindeutige und befriedigende Antwort, weil sie zugleich Angaben macht über Einnahmen- und Ausgabenvorgänge, die mit der Herstellung und dem Vertrieb nichts zu tun haben. Beispielsweise sind die großen Einnahmen an Aktivzinsen auf das große Bankguthaben und auf den Ertrag der Wohnhäuser zurückzuführen, während diese letzteren doch sicher in keinem Zusammenhang mit der

Aktiven   Zur Veröffentlichung bestimmte

	Fr.	cts.	Fr.	cts.
Anlagen für Fabrikationszwecke				
Grundstücke	150000	—		
Gebäude	2350000	—		
Betriebsanlagen	1	—	2500001	—
(Versicherungswert Fr. 4700000				
Arbeiter-Wohlfahrtshaus				
Grundstück	1	—		
Gebäude	1	—	2	—
(Versicherungswert Fr. 200000)				
Wohnhäuser				
Grundstück	80000	—		
Gebäude	220000	—	300000	—
(Versicherungswert Fr. 600000)				
Arbeitsmaschinen			255001	—
(Versicherungswert Fr. 3000000)				
Mobilien				
Einrichtungen	1	—		
Werkzeuge und Vorrichtungen	1	—		
Modelle	1	—	3	—
(Versicherungswert Fr. 1000000)				
Materialien			850000	—
Fertige und halbfertige Maschinen und Anlagen			1800000	—
Patente und Lizenzen			1	—
Kassa			10000	—
Wechsel			200000	—
Wertschriften			2000000	—
Kt.-Kt.-Debitoren:				
Postscheck	1000	—		
Bankguthaben	2200000	—		
Div. Debitoren	2400000	—	4601000	—
Beteiligungen				
an Verkaufs- und Vertriebs-Gesellschaften	340000	—		
an Fabrikationsunternehmungen	350000	—	690000	—
			13206008	—

Soll   (Zur Veröffentlichung bestimmte) **Gewinn-**

	Fr.	cts.	Fr.	cts.
Abschreibungen				
Fabrikgebäude	75000	—		
Maschinen und Einrichtungen	82000	—		
Wertschriften	18000	—		
Debitoren	10000	—	185000	—
Obligationen- und Hypothekenzinsen			210000	—
Passivzinsen			50000	—
Unkosten			4200000	—
Reparaturen			150000	—
Aktivsaldo			820008	—
			5615008	—

Bilanz per 30. Juni 1927. Passiven

	Fr.	cts.	Fr.	cts.
Aktien-Kapital			6 000 000	—
Ordentlicher Reservefond			600 000	—
Außerordentlicher Reservefond			400 000	—
Obligationen			3 000 000	—
Hypotheken			1 000 000	—·
Div. Kreditoren und Anzahlungen			1 036 000	—
Guthaben d. Beamten-Pensionsfond	200 000	—		
„ „ Arbeiter-Hilfsfond	100 000	—		
„ „ Depositen von Angestellten	50 000	—	350 000	—
Gewinn- und Verlust-Rechnung				
a) Gewinnvortrag vom Vorjahre	40 008	—		
b) Reingewinn	780 000	—	820 008	—·

Abb. 1.

| | | | 13 206 008 | — |

und Verlust-Rechnung per 30. Juni 1927. Haben

	Fr.	cts.	Fr.	cts.
Gewinnvortrag vom Vorjahre			40 008	—
Aktivzinsen			121 000	—·
Ertrag der Wertschriften und Beteiligungen			165 000	—
Ertrag des Fabrikations-K°			5 289 000	—

Abb. 2.

| | | | 5 615 008 | — |

Fertigung stehen. Das Gleiche gilt für die Erträge aus Wertschriften und Beteiligungen.

Sodann gibt es in den Aktiven der Bilanz noch Bestände an fertigen und halbfertigen Maschinen und Anlagen, die zweifellos die Neubildung von Kapital beeinflußt haben und die gleichsam in der Luft schweben. Sie stehen unvermittelt in der Bilanz da und obwohl keine Angabe in der GVRechnung auf sie Bezug nimmt, bestehen derart innige Zusammenhänge, daß die Grundsätze, nach denen jene Bestände bewertet werden, einen erheblichen Einfluß auf das Ergebnis der GVRechnung ausüben, wie wir in den nächsten Abschnitten sehen werden. Diese kurze Auseinandersetzung läßt erkennen, daß die zur Veröffentlichung bestimmte GVRechnung sich auf ein Mindestmaß von Auskunftgabe beschränkt. Trotzdem die beiden Rechnungen scheinbar ihr ganzes Inneres unverhüllt zur Schau tragen, hat man bei ihrer nähern Bekanntschaft doch das unbehagliche Gefühl, daß sie manche Geheimnisse zu hüten verstehen, die man gern kennen möchte. Aus der Bilanz und der GVRechnung eines einzigen Jahres lassen sich nur wenig zuverlässige Schlüsse ziehen. Erst der eingehende Vergleich der Rechnungen von mindestens vier aufeinanderfolgenden Jahren gibt über die wirkliche Lage des Unternehmens ein ungefähr richtiges Bild, für den Fachmann, der die Rechnungen zu lesen versteht, in den meisten Fällen auch ein ziemlich richtiges Bild.

Wir möchten schon an dieser Stelle besonders hervorheben, daß wir in den kommenden Abschnitten den Ausdruck „Unkosten", der bisherigen Gepflogenheit entsprechend, auf die von der kaufmännischen Buchhaltung als solche bezeichneten Aufwendungen, den neuzeitlichen Ausdruck „Gemeinkosten" dagegen, nur auf die entsprechenden Aufwendungen bei der Selbstkostenberechnung beziehen. Ein gelegentliches Ineinanderfließen der Begriffe wird an einigen Stellen nicht zu umgehen sein. Der vollgültige Ersatz des Ausdruckes „Unkosten" durch „Gemeinkosten" kann endgültig erst dann vorgenommen werden, wenn die Buchhaltungswissenschaft in zustimmendem Sinne zu der Frage Stellung genommen haben wird.

4. Die systematische Bilanz.

Die Bilanz erhält sofort ein anderes Aussehen, sobald bei ihrer Zusammenstellung eine bestimmte Systematik in Anwendung gebracht wird, Abb. 3.

Wir sehen zunächst bei den Werten W die drei Gruppen der Gebrauchsgüter, der Tauschgüter und der Verbrauchsgüter, bei den Schulden S die einzige Gruppe der fremden Gelder und beim Kapital K die einzige Gruppe der eigenen Gelder. Die Zuteilungen zu den Gruppen zeigen, wo die Werte aus der Bilanz Abb. 1 untergebracht sind. Als Schulden kommen nur befristete Schulden in Betracht, weil unbefristete Schulden ihrer Natur nach nicht vorhanden sein können. Die Untergruppen der langfristigen, kurzfristigen und verwalteten Schulden geben eine klare Übersicht über die Arten der Verbindlichkeiten gegenüber Dritten. Als Untergruppen des Kapitals sind angegeben: unbefristetes Kapital und befristetes Kapital. Der erzielte, durch die GVRechnung gezeigte Gewinn ist nicht Eigentum des Unternehmens, sondern der Aktionäre und nur diesen steht das Recht zu, darüber zu verfügen, allerdings unter weitgehendster Berücksichtigung der diesbezüglichen Anträge der Verwaltung. Die Schlußsummen stimmen in beiden Bilanzen der Abb. 1 und 3 genau überein, die Untersummen der Abb. 1 ergeben sich aus der Auseinander- oder Zusammenziehung der entsprechenden Summen der Abb. 3.

Der Vergleich zwischen der nur für den internen Gebrauch der Verwaltung bestimmten Bilanz nach Abb. 3 und der für die Öffentlichkeit bestimmten Abb. 1 zeigt recht deutlich, über welche Posten die Verwaltung genauere Angaben nicht zu machen wünscht. Die Bilanz Abb. 1 enthält alle Posten, die nach kaufmännischer Gepflogenheit gezeigt werden dürfen, ohne Geschäftsgeheimnisse preiszugeben oder mit den gesetzlichen Vorschriften über die Aufstellung von Bilanzen in Widerspruch zu geraten.

5. Die systematische Gewinn- und Verlust-Rechnung.

Das Wesen der GVRechnung. Wie haben im 2. Abschnitt gesehen, daß die GVRechnung nichts anderes ist als eine von der Buchhaltung geführte, gesonderte Rechnung über alle Veränderungen, denen das Kapital im Laufe des Geschäftsjahres unterworfen wird. Das unbefristete Kapital — Aktienkapital und Rücklagen — bleibt seiner Natur nach unverändert, es sei denn, daß eingetretene Verluste einen Eingriff zunächst in die Rücklagen und wenn diese nicht hinreichen sollten, auch in das Aktienkapital notwendig machten. Die GVRechnung hat man sich somit vorzustellen als das aus der Bilanz herausgeholte „Konto des befristeten Kapitals", das wie jedes andere Konto mit seinem Soll und Haben (bzw. — und +, weil es sich um ein Kapitalkonto handelt) im Hauptbuch oder in einem Nebenbuch geführt wird. Am Ende des Geschäftsjahres wird das Konto saldiert und dessen Habensoldo erscheint in der Bilanz als Gewinn des Jahres.

Die Wertverschiebungen nach und aus der GVRechnung. Auf Seite 4 sind die 9 Gleichungen entwickelt worden, durch welche alle in der Buchhaltung überhaupt möglichen Wertverschiebungen von einem der drei Hauptkonten W, S oder K in ein anderes oder auch innerhalb eines dieser Konten, beherrscht werden. Nur diejenigen Buchungen, die eine äußere oder innere Veränderung des Kapitals nach sich ziehen, finden in der GVRechnung eine Aufnahme, d. h. Buchungen nach den Gl. 3, 6, 7, 8 und 9, während die Buchungen nach den Gl. 1, 2, 4 und 5 auf die GVRechnung keinen Einfluß haben, weil sie das Kapital nicht verändern. Im Laufe des Geschäftsjahres findet gleichsam ein Fließen von positiven und negativen Werten aller Art aus den Hauptgruppen W, S oder K der Bilanz in die GVRechnung statt, während am Ende desselben ein Zurückfließen erfolgt, womit die Rechnung zu bestehen aufhört. Dieser Fluß kann nur dargestellt werden, wenn die Posten der Bilanz als Grundlage auch für jene der GVRechnung benutzt werden, Abb. 4, welche

Die systematische Gewinn- und Verlust-Rechnung zeigt. Beim Vergleich der Darstellungen Abb. 2 und 4 fällt zunächst die Nichtübereinstimmung der Schlußsummen Fr. 5615008.— und Fr. 11060008.— auf, dann die Erweiterung in Abb. 4 durch Aufnahme von Konten, die in Abb. 2 nicht gezeigt sind: Neueinrichtungen links und rechts, Verbrauch an Einzelmaterialien, Einzellöhnen und Sonderkosten links, die Ausscheidung der Unkosten nach 4 Gruppen links, Mietzinsen rechts und das Fabrikations-Konto rechts, bestehend aus Fr. 10394000.— Kundenfakturen und Fr. 300000.— Inventarvermehrung an verkaufsfähigen Erzeugnissen. Die Unterteilung der Erlöse rechts in solche aus der Nichtfabrikation und aus der Fabrikation bildet im weiteren noch eine Ergänzung gegenüber der Abb. 2. Dann ergibt sich aus dem Vergleich die Tatsache, daß die zur Veröffentlichung bestimmte GVRechnung kaum die Hälfte zeigt von dem, was die systematische, für den internen Gebrauch der Verwaltung dienende GVRechnung enthält.

6. Die Besprechung der systematischen Gewinn- und Verlust-Rechnung.

Die Besprechung der systematischen GVRechnung an dieser Stelle muß besonders gründlich erfolgen, weil aus ihr die Grundbegriffe der Aufstellung von kurzfristigen Erfolgsrechnungen und Monatsbilanzen abgeleitet werden müssen und weil sie die Grundlage bildet für die im II. Teil zu behandelnde Selbstkostenberechnung.

a) **Die Nichtfabrikation.** Den Mietzinseinnahmen stehen keine Ausgaben für die Wohnhäuser gegenüber, weil zufällig keine Ausbesserungen zu machen waren. Von den Aktivzinsen Abb. 4 sind diejenigen aus Postscheck und Banken mit den Mietzinsen zusammen in einem Posten Fr. 121000.— in Abb. 2 gezeigt, offenbar, weil Außenstehende nicht zu wissen brauchen, aus welchen Elementen dieselben bestehen. Aus dem nämlichen

Werte W. Gebrauchsgüter	Fr.	Fr.	Fr.
I. Anlagenwerte			
① Feste Anlagen (Immobilien)			
1. für Fertigungszwecke			
a) Grundstücke	150 000		
b) Gebäude	2 350 000		
c) Betriebsanlagen	1		
2. für Wohlfahrtszwecke	2 500 001		
Wohlfahrtshaus (Kasino)			
a) Grundstücke	1		
b) Gebäude	1		
Wohnhäuser	2		
a) Grundstücke	80 000		
b) Gebäude	220 000		
② Bewegliche Anlagen (Mobilien)	300 000	2 800 003	
1. Maschinen			
a) Kraft- und Lichtanlagen	10 000		
b) Werkzeugmaschinen	225 000		
c) Versuchsmaschinen	20 000		
d) Kraftwagen	1		
	255 001		
2. Einrichtungen	1		
3. Werkzeuge und Vorrichtungen	1		
4. Modelle	1		
③ Immaterielle Werte	3	255 004	
1. Patente	1		
2. Lizenzen	—	1	3 055 008
Tauschgüter			
II. Guthabenwerte			
① Kassa		10 000	
② Besitzwechsel		200 000	
③ Wertschriften		2 000 000	
④ Forderungen und Guthaben			
1. Postscheck	1 000		
2. Banken	2 200 000		
3. Kt.-Kt.-Debitoren	2 400 000	4 601 000	
⑤ Beteiligungen			
1. Verkaufs- und Vertriebs-Gesellschaften	340 000		
2. Fabrikations-Unternehmungen	350 000	690 000	7 501 000
Verbrauchsgüter			
III. Vorratswerte			
① Rohstoffe (Materialien)			
1. Baustoffe	800 000		
2. Betriebsstoffe	50 000	850 000	
② Erzeugniswerte			
1. Erzeugnisse in Fertigung (Halbfabrikate)	1 200 000		
2. „ „ Aufstellung (auswärtige Montagen) . . .	150 000		
3. Teilerzeugnisse in Teillagern	200 000		
4. Fertigerzeugnisse im Verkaufslager	200 000		
5. „ in Konsignationslagern	50 000	1 800 000	2 650 000
			13 206 008

Schulden S. Fremde Gelder	Fr.	Fr.	Fr.
I. Befristete Schulden			
① Langfristige Schulden			
1. Obligationen	3 000 000		
2. Hypotheken	1 000 000	4 000 000	
② Kurzfristige Schulden			
1. Nicht erhobene Dividenden	1 000		
2. „ „ Obligationenzinsen	1 000		
3. Schuldwechsel	1 000		
4. Kundenanzahlungen	900 000		
5. Banken.	3 000		
6. Kt.-Kt.-Kreditoren	130 000	1 036 000	
③ Verwaltete Schulden			
1. Beamten-Pensionsfond	200 000		
2. Arbeiter-Hilfsfond	100 000		
3. Depositen von Angestellten	50 000	350 000	5 386 000
Kapital K. **Eigene Gelder**			
I. Unbefristetes Kapital			
① Aktienkapital		6 000 000	
② Reserven (Rücklagen)			
1. Ordentlicher Reservefond	600 000		
2. Außerordentlicher Reservefond	400 000	1 000 000	
II. Befristetes Kapital			
① Gewinn- und Verlust-Rechnung			
1. Gewinnvortrag vom Vorjahre	40 008		
2. Reingewinn des Rechnungsjahres	780 000	820 008	7 820 008
			13 206 008

Abb. 3.

Grunde werden in Abb. 2 die Einnahmen aus Wertschriften und Beteiligungen zusammen in einem Posten ausgewiesen. Die Gesamtsummen Fr. 286 000.— stimmen überein.

b) Die Fabrikation. Wünschenswert wäre es gewesen, auch auf der linken Seite die Ausgaben nach Nichtfabrikation und Fabrikation zu trennen. Es ist dies hier absichtlich nicht geschehen, um die Besprechung nicht zu weitläufig zu gestalten. Im 7. Abschnitt wird die Trennung gezeigt werden. Wir gehen daher bei der Besprechung von der Annahme aus, daß sämtliche Ausgaben sich auf die Fabrikation beziehen.

Bei den Abschreibungen fällt zunächst auf, daß Abb. 4 nicht weniger als Fr. 285 000.— mehr Abschreibungen enthält als Abb. 2. Sie rühren her von den Abschreibungen auf Vorratswerten III. ① und III. ②, die in den beiden Bilanzen Abb. 1 und 3 bewertet sind zu Fr. 850 000.— und Fr. 1 800 000.—, zu noch niedrigeren Preisen als es das Gesetz vorschreibt: „Rohmaterialien und Vorräte aller Art, auch an fertiger Ware, dürfen höchstens zum Kostenpreise und falls dieser höher als der Marktpreis sein sollte, höchstens zu letzterem gewertet und in die Bilanz eingestellt werden."

Aus der ganzen Aufmachung der Bilanz geht hervor, daß die Vorratswerte zweifellos sehr niedrig bewertet worden sind. Dennoch hat es die Geschäftsleitung für gut befunden, den Aufsichtsbehörden noch besondere Abschreibungen in Höhe der erwähnten Beträge von Fr. 85 000.— und Fr. 200 000.— in Vorschlag zu bringen. Verschiedene Gründe mögen sie zu dieser Stellungnahme veranlaßt haben, etwa ein zu erwartender Preisrückgang der Rohstoffe, die Möglichkeit eines Anstandes mit einem Kunden wegen Nichteinhaltung von gewissen Gewährsbedingungen, das Überholtwerden einiger Konstruktionen durch solche der Konkurrenz, bevor die auf Lager befindlichen Maschinen verkauft sind, oder auch, angesichts einer drohenden wirtschaftlichen Krise, die Sorge um die Sicherung der Dividendenausschüttung im kommenden Jahre u. a. m. Diese stets lobenswerten Maßnahmen brauchen selbstredend den Außenstehenden nicht bekanntgegeben zu werden.

Die gezeigten Abschreibungen bieten den Aktionären und den Außenstehenden eine stets willkommene Handhabe zur Beurteilung des Geschäftsganges. Sie können nämlich das Minimum der durch die Geschäftsstatuten vorgeschriebenen Abschreibungen sein, oder sie können mehr oder weniger die Minima überschreiten. Wir werden später sehen, daß mindestens die Minima in den Selbstkosten der Erzeugnisse enthalten sein müssen, die Überschüsse nicht. Letztere gehören zu den außerordentlichen Abschreibungen, die nur dann vorgenommen werden, wenn das finanzielle Ergebnis es gestattet.

Wie die Verbuchung jener Fr. 285 000.— stattzufinden hat, werden wir bald sehen.

Die Abb. 2 enthält an Reparaturen und Ersatz Fr. 150 000.—. In Abb. 4 ist angegeben, aus welchen Elementen (Material, Lohn, Sonderkosten und Zuschläge) sie bestehen und gezeigt, daß Fr. 20 000.— sich auf die festen und Fr. 130 000.— auf die beweglichen Anlagen beziehen. Das Gleiche ist geschehen für die Neueinrichtungen, die in Abb. 4 links und rechts mit je Fr. 40 000.— eingesetzt sind. Das will besagen, daß durch die Ausgabe von Fr. 40 000.—, Neueinrichtungen in demselben Betrage erzeugt worden sind, die später ohne Gewinn in das Konto der beweglichen Anlagen zurückfließen. Die gegenseitige Aufhebung der gleichen Beträge Fr. 40 000.— links und rechts macht es verständlich, daß diese Posten in Abb. 2 weggelassen werden dürfen. Aus dem nämlichen Grunde wie oben bei den Aktivzinsen werden die Passivzinsen nach kaufmännischer Gepflogenheit in Abb. 2 in zwei Posten angegeben, deren Summe Fr. 260 000.— mit jener in Abb. 4 übereinstimmt.

Die übrigbleibenden und noch nicht erwähnten Posten der Abb. 4 beziehen sich auf die sehr wichtigen Aufwendungen für Erzeugnisse, getrennt nach Material, Lohn und Sonderkosten Fr. 5 120 000.— einerseits und nach 4 Gruppen von Unkosten Fr. 4 200 000.— andererseits, denen an Einnahmen auf Fabrikations-Konto gegenüberstehen:

Fr. 10 394 000.— aus Kundenfakturen und Fr. 300 000.— aus der Vermehrung des Inventars an verkaufsfähigen Erzeugnissen.

Aus der Gegenüberstellung der Einnahmen Fr. 10 694 000.— einerseits und der Ausgaben Fr. 9 320 000.— andererseits darf nicht etwa geschlossen werden, daß der Gewinn aus der Fabrikation Fr. 1 374 000.— beträgt. Um diesen zu erhalten, müßten die Ausgaben für Abschreibungen, Passivzinsen, Reparaturen u. a. m., die der Fabrikation zur Last fallen, erst abgezogen werden, wie schon oben erwähnt.

Der Zweck der folgenden Besprechung besteht nun mehr darin, nachzuforschen, welche Beträge an direkten und indirekten Aufwendungen in den Kundenfakturen und in der Inventarvermehrung enthalten sind. Statt einer ausführlichen Erklärung ziehen wir die Methode der Fragenstellung und der sofortigen Beantwortung vor, weil sie rascher und mit größerer Klarheit zum Ziele führt.

1. Sind in die verkauften Erzeugnisse des Jahres, deren Erlös Fr. 10 394 000.— beträgt, alle direkten Aufwendungen des Jahres im Betrage von Fr. 5 120 000.— übergegangen? Nein, nur ein Teil dieser Fr. 5 120 000.—, das Übrige rührt von direkten Aufwendungen her, die schon in früheren Jahren gemacht worden sind, während der Rest jener Fr. 5 120 000.— in die Inventarvermehrung übergegangen ist.

2 Wo war jenes „Übrige" an direkten Aufwendungen, bevor es in die verkauften Erzeugnisse überging? Es war in den Posten III. (2 , 1, 2, 3, 4 und 5 Vorratswerte der Eingangsbilanz, also im Inventar des letzten Tages des verflossenen Geschäftsjahres.

3. Sind alle ausgewiesenen Unkosten des Jahres im Betrage von Fr. 4 200 000.— dem Erlös-Konto der verkauften Erzeugnisse des Jahres belastet worden? Ja.

4. Nicht auch teilweise der Inventarvermehrung des Jahres? Nein.

5. Woher weiß man das? Weil die Bewertung der im Inventar ausgewiesenen Erzeugnisse auf zwei Arten vorgenommen werden kann. a) Kapitalkräftige Unternehmungen bewerten sie nur zu den Beträgen der direkten Aufwendungen, so daß sie keine Zuschläge irgendwelcher Art zur Deckung von schon aufgelaufenen Unkosten enthalten. b) Weniger kräftige Unternehmungen rechnen höchstens noch die Fertigungsunkosten, wenn möglich, d. h. wenn das Jahresergebnis es gestattet, sogar nur einen Teil der Fertigungsunkosten zu den direkten Aufwendungen hinzu. Unsere Bewertung entspricht der erstgenannten Art.

6. Eine Überlegung: Am Anfang des Jahres sind Lagerbestände an Vorratswerten im Betrage von Fr. 1 500 000.— laut Eingangsbilanz III. (2 , 1, 2, 3, 4 und 5 vorhanden, bewertet nur zu den direkten Aufwendungen. Im Laufe des Jahres werden an direkten Aufwendungen verausgabt Fr. 5 120 000.—, laut GVRechnung, d. h. es sind im ganzen Fr. 6 620 000.— in Erzeugnisse aller Art hineinverarbeitet worden. Laut den Meldungen der Selbstkostenberechnungsstelle sind im Laufe des Jahres in verkaufte und fakturierte Erzeugnisse übergegangen: aus den Lagerbeständen Fr. 1 000 000.—, aus den laufenden direkten Aufwendungen des Jahres Fr. 3 820 000.—, zusammen Fr. 4 820 000.—. Welchen Betrag müssen die Lagerbestände am Ende des Jahres aufweisen? Die Lagerbestände insgesamt müssen sich in den Posten III. (2), 1, 2, 3, 4 und 5 der vorliegenden Bilanz in einem Betrag von Fr. 6 620 000.— weniger 4 820 000.— = Fr. 1 800 000.— vorfinden.

7. Die Inventarvorräte haben sich somit vom Anfang bis zum Ende des Jahres vermehrt um Fr. 1 800 000.— weniger 1 500 000.— = Fr. 300 000.—? Ja.

8. Somit enthält diese Inventarvermehrung, aus der Antwort auf die Frage 5 zu schließen, keine Zuschläge für Unkosten? Nein.

In Abb. 4 ist am Schlusse links der nach obiger Fragenstellung und Beantwortung zusammengestellte Ausweis gezeigt über die direkten Aufwendungen für die Fabrikation, wobei noch die direkten Aufwendungen Fr. 20 000.— für Neueinrichtungen der Vollständigkeit halber miteinbezogen sind, während rechts der Ausweis über die Verwendung der direkten Aufwendungen dargestellt ist.

Soll —   Systematische Gewinn- und

	Abschr.	Passivz.	Rep. u. Ersatz	Neu-einr.	Ver-brauch	Unk.	Total
			Aufwendungen				
Werte W.							
Gebrauchsgüter							
I. Anlagenwerte							
① Feste Anlagen							
1. für Fertigungszwecke			20000				
a) Grundstücke							
b) Gebäude	75000						
c) Betriebsanlagen							
2. für Wohlfahrtszwecke: Wohl-fahrtshaus (Kasino)							
a) Grundstücke							
b) Gebäude Wohnhäuser							
c) Grundstücke							
d) Gebäude							
② Bewegliche Anlagen			130000	40000			40000
1. Maschinen			150000				150000
a) Kraft- u. Lichtanlagen		Material	davon	sind:			
b) Werkzeugmaschinen		Lohn	40000	10000			
c) Versuchsmaschinen		Sonderk.	50000	10000			
d) Kraftwagen		Zuschläge	0	0			
2. Einrichtungen			60000	20000			
3. Werkzeuge u. Vorrichtungen	82000		150000	40000			
4. Modelle							
③ Immaterielle Werte							
1. Patente		150000					
2. Lizenzen		60000					
		32400					
		100					
		10000					
		5000					
		2500					
Tauschgüter		260000					260000
II. Guthabenwerte							
① Kassa							
② Besitzwechsel							
③ Wertschriften	18000						
④ Forderungen u. Guthaben							
1. Postschek							
2. Banken							
3. Kt.-Kt.-Debitoren	10000						
⑤ Beteiligungen							
1. Verkaufs- u. Vertriebsgesells.							
1. Fabrikations-Unternehmen							
Übertrag	185000	260000	150000	40000	—	—	450000

Verlust-Rechnung per 30. Juni 1927.   Haben +   Abb. 4.

	Erlöse						
	Nichtfabrikation			Fabrikation			
Mietz.	Aktivz.	Wert-schr.	Beteili-gung	Neu-einr.	Fabr. konto	Total	
40900						40900	
				40000		40000	
							Schulden S.
							Fremde Gelder
							I. Befristete Schulden
							① Langfristige Schulden
							1. Obligationen
							2. Hypotheken
							② Kurzfristige Schulden
							1. Nicht erhobene Dividenden
							2. Nicht erhobene Oblig. Zinsen
							3. Schuldwechsel
							4. Kundenanzahlungen
							5. Banken
							6. Kt.-Kt.-Kreditoren
							③ Verwaltete Schulden
							1. Beamten-Pensionsfonds
							2. Arbeiter-Hilfsfond
							3. Depositen von Angestellten
		100000				100000	
	100						
	80000						
	80100					80100	
			65000			65000	
40900	80100	100000	65000	40000	—	326000	Übertrag

	Aufwendungen						
	Abschr.	Passivz.	Rep. u. Ersatz	Neu-einr	Ver-brauch	Unkosten	Total
Übertrag	185000	260000	150000	40000	—	—	450000
Verbrauchsgüter							
III. Vorratswerte							
① Rohstoffe							
1. Baustoffe	80000						
2. Betriebsstoffe	5000						
② Erzeugniswerte	200000						
1. Erz. in Fertigung	470000						470000
2. Erz. in Aufstellung							
3. Teilerz. in Teillagern							
4. Fertigerz. im Verkaufslager							
5. Fertigerz. in Konsignationslag.							
② insgesamt:							
Verbrauch an							
Einzelmaterialien					3500000		
Einzellöhnen					1600000		
Sonderkosten					20000		
Unkosten:					5120000		5120000
Vorbereitung 700000 | Gemeins. Abt.						750000	
Ausführung 1500000 | Materialwesen						350000	
Vertrieb 1500000 | Fertigung						1600000	
Verrechnung 500000 | Vertrieb						1500000	
4200000						4200000	4200000
(s.Abschn.16)							
	40008						
	780000						
Habensaldo	820008						820008
	820008	470000	260000	150000	40000	5120000	4200000	11060008

Ausweis über die direkten Aufwendungen für die Fabrikation:

Verbrauch an Einzelmaterialien M Einzellöhnen L Sonderkosten So	Direkte Aufwendungen			Total der direkten Aufwendungen überhaupt, einschl. Neueinr.
	aus früheren Jahren, ausgewiesen durch das Inventar der Erz.-Werte per 30. Juni 26 Bilanz-Akt III ②	des lfd. Jahres, übergegangen in		
		Neueinrichtungen Bilanz-Akt I ②	Kundenfakturen des lfd. Jahres und in Inventarvermehrg. Bilanz-Akt III ②	
M	1010000	10000	3500000	4520000
L	480000	10000	1600000	2090000
So	10000	0	20000	30000
Total	$J_1 = 1500000$	20000	5120000	6640000
Davon sind übergegangen in Kundenfakturen des lfd. Jahres:				
M	700000		2600000	3300000
L	290000	—	1210000	1500000
So	10000		10000	20000
Total	1000000	—	3820000	4820000
Somit verbleiben im Inventar der Erzeugniswerte per 30. Juni 1927:				
M	310000		900000	1210000
L	190000	—	390000	580000
So	0		10000	10000
Total	500000	—	1300000	$J_2 = 1800000$

Die Inventarvermehrung $J_2 - J_1 = 300000$ Frs setzt sich zusammen aus M 200000 $+ L$ 100000 $+ So$ (

Erlöse							
Nichtfabrikation				Fabrikation			
Mietz.	Aktivz.	Wert-schr.	Beteili-gung	Neu-einr.	Fabr. konto	Total	
40900	80100	100000	65000	40000	—	326000	
					10394000		② insgesamt:
							a) Betrag der Kundenfakturen für verkaufte Erzeugnisse
							b) Betrag der Inventarvermehrung an verkaufsfähigen Erzeugnissen per 30. Juni 1927 gegenüber 30. Juni 1926
					300000		
					10694000	10694000	**Kapital K.**
							Eigene Gelder
							I. Unbefristetes Kapital
							① Aktienkapital
							② Reserven (Rücklagen)
							1. Ordentlicher Reservefonds
							2. Außerordentl. „
							II. Befristetes Kapital
							① Gewinn- u. Verl.-Rechng.
						40003	40008	1. Gew.-Vortrg. v. Vorjahre
							2. Reingew. d. Rechn.-Jahrs
40900	80100	100000	65000	40000	10694000	11060008	40008

Ausweis über die Verwendung der direkten Anfwendungen:
Von dem Total der direkten Aufwendungen für Erzeugnisse . . . . | Fr. 6640000

befinden sich:

in den Kundenfakturen des lfd. Jahres	Fr. 4820000
im Inventar per 30. Juni 1927	1800000
in den Erzeugnissen für Neueinrichtungen	20000
Total	Fr. 6640000	wie oben

Ausweis über die erzielten Rohgewinne aus der Fabrikation:

1. Betrag der Kundenfakturen für verkaufte Erzeugnisse . . . . | Fr. 10394000
Direkte Aufwendungen übergegangen in do. . . . . | 4820000
Bruttoertrag des Erlös-Kontos der Erzeugnisse | Fr. 5574000

2. Inventar der Erzeugniswerte per 30. Juni 1927 . . . . Fr. 1800000
do.   per 30. Juni 1926 1500000
Inventarvermehrung | Fr. 300000
Direkte Aufwendungen, übergegangen in do. . . . . | 300000
Erzielter Gewinn an der Inventarvermehrung | Fr. 0

3. Erlös aus den Erzeugnissen für Neueinrichtungen . . . . | Fr. 40000
Direkte Aufwendungen, übergegangen in do. . . . . | 20000
Verbleiben | 20000
Über GVRechnung verrechnete Unkostenzuschläge . . . . | 20000
Erzielter Gewinn an den Erzeugnissen für Neueinrichtungen | Fr. 0

Es bleibt nur noch übrig, darüber eine Auskunft zu geben, warum der Ertrag des Fabrikations-Kontos in Abb. 2 nur mit Fr. 5 289 000.— ausgewiesen ist statt mit Fr. 10 694 000.— wie in Abb. 4. Es muß daran erinnert werden, was am Schluß des 3. Abschnittes über die Wahrung von Geschäftsgeheimnissen gesagt worden ist. Von dem wirklichen Erlös Fr. 10 694 000.— wird in erster Linie der Betrag der nicht gezeigten direkten Aufwendungen Fr. 5 120 000.— abgezogen, so daß noch Fr. 5 574 000.— übrigbleiben. Diese Summe ist um Fr. 285 000.— größer als die in Abb. 2 gezeigten Fr. 5 289 000.—. Es sind das jene Fr. 285 000.— außerordentliche Abschreibungen auf Vorratswerten III. (1) und (2), Abb. 4, die nicht gezeigt werden dürfen und deren Verbuchung dadurch geschieht, daß der Ertrag des Fabrikations-Kontos entsprechend gekürzt wird. Gegen die Zulässigkeit dieser Kürzung kann weder theoretisch noch kaufmännisch ein stichhaltiger Grund ins Feld geführt werden. Sogar der Gesetzgeber hat für solche Fälle eine Hintertüre offen gelassen. Man lasse aus dem am Anfang des 3. Abschnittes erwähnten ersten Satz des Art. 656 des Schw. O. R. das einzige Wörtchen „möglichst" weg, dann könnte es allerdings fraglich erscheinen, ob die erwähnte Kürzung statthaft sei.

Mit diesen Ausführungen dürfte der letzte Rest des Schleiers, der über den Geheimnissen der beiden Rechnungen Abb. 1 und 2 ausgebreitet war, gelüftet sein.

7. Die systematische Gewinn- und Verlust-Rechnung als Grundlage der kurzfristigen Erfolgsrechnung.

Die Abb. 5 zeigt eine andere Art der Darstellung der GVRechnung, getrennt nach Fabrikation und Nichtfabrikation. Sie ist einfacher und übersichtlicher gehalten und zeigt bessser als eine lange Erklärung den Übergang zur kurzfristigen Erfolgsrechnung. Die eingeschriebenen Zahlen stammen alle ohne Ausnahme aus der Abb. 4. Man überschreibe die Rechnung mit dem Datum 31. Juli 1927, setze die entsprechenden Zahlen für den Monat Juli ein, dann ergibt sich der erzielte Gewinn des Monats. Die Bilanz auf Ende Juli 1927 — eine Zwischenbilanz — hat den Nachweis dafür zu leisten, daß das Kapital sich um den Betrag jenes Gewinnes erhöht hat. Auf Ende August zeigt die systematische GVRechnung den Gewinn der zwei Monate Juli und August und so geht es weiter, bis am Ende des Geschäftsjahres die systematische, durch die gesetzlich vorgeschriebene Inventuraufnahme gestützte GVRechnung des Jahres sich ergibt.

Wenn das Unternehmen beispielsweise drei Arten von Erzeugnissen herstellt und die Aufwendungen und Erlöse für jede der drei Arten getrennt niedergeschrieben werden, so ergibt sich die kurzfristige Erfolgsrechnung für jede einzelne Erzeugnisgruppe.

Eine Abart dieser Erfolgsrechnung besteht darin, daß die Erlöse aus der Fabrikation nicht den wirklichen Aufwendungen gegenübergestellt werden, sondern den Selbstkosten der Erzeugnisse, wie sie von der Selbstkostenberechnungsstelle berechnet worden sind, also den wirklichen Aufwendungen an Material, Lohn und Sonderkosten — Zahlen, die mit jenen der Buchhaltung genau übereinstimmen — plus den Zuschlägen für Gemeinkosten, deren Gesamtheit mehr oder weniger von den durch die Buchhaltung ausgewiesenen wirklichen Unkosten abweichen. In diesem Falle enthält jedoch die Inventarvermehrung an verkaufsfähigen Erzeugnissen auch Zuschläge. Welche Folgen diese letzteren haben, ergibt sich aus einer kurzen Erwägung an Hand der Zahlen in Abb. 5. Dort sind unter Ziffer 2 keine Unkosten zugeschlagen worden. Statt dessen mögen, unter entsprechender Kürzung der Unkosten Fr. 4 200 000.— in Ziffer 1, 10 % auf das Material und 100 % auf die Löhne zugeschlagen werden, dann würde der Erlös statt Fr. 300 000.— Fr. 420 000.— und damit auch der errechnete Gewinn Fr. 120 000.— mehr betragen. Kapitalkräftige Unternehmungen werden diese Art der Erfolgsrechnung von der Hand weisen. Wenn diese Unstimmigkeit etwa dadurch umgangen werden will, daß die betreffenden Zuschläge aus der Inventarvermehrung gestrichen und den übrigen Zuschlägen

Abb. 5. Andere Art der Darstellung der
Gewinn- und Verlust-Rechnung per 30. Juni 1927.
Übergang zur kurzfristigen Erfolgsrechnung.

Aufwendungen	Fr.	Fr.	Erlöse	Fr.	Fr.
1. Verkaufte Erzeugnisse			1. Verkaufte Erzeugnisse		
Material	3 300 000				
Lohn	1 500 000				
Sonderkosten	20 000				
	4 820 000				
Unkosten	4 200 000				
Abschr. an Anlagen . .	157 000				
„ „ Vorräten . .	285 000				
Reparaturen und Ersatz .	150 000				
Passivzinsen ohne Fonds	242 500				
	5 034 500	9 854 500			10 394 000
2. Inventar-Vermehrung der Erzeugnisse			2. Inventar-Vermehrung der Erzeugnisse		
Material	200 000				
Lohn	100 000				
Sonderkosten	0				
	300 000				
Unkosten	0				
	300 000	300 000			300 000
3. Neueinrichtungen			3. Neueinrichtungen		
Material	10 000				
Lohn	10 000				
Sonderkosten	0				
	20 000				
Unkosten	20 000				
	40 000	40 000			40 000
4. Sonstige Zwecke			4. Sonstige Quellen		
Abschr. a. Guthabenw. .	28 000		Mietzinsen	40 900	
Zinsen für Fonds . . .	17 500		Wertschriften	100 000	
			Aktivzinsen	80 100	
			Beteiligungen	65 000	
	45 500	45 500		286 000	286 000
5. Ergebnis des Jahres			5.		
Vortrag vom Vorjahre .	40 008		Vortrag vom Vorjahre .		40 008
Reingewinn	780 000				
	820 008	820 008			
		11 060 008			11 060 008

Der Reingewinn Fr. 780 000 setzt sich zusammen aus:
a) Gewinn aus der Fabrikation . . . . 10 394 000 − 9 854 500 = Fr. 539 500
b) Gewinn aus der Nichtfabrikation . . . . 286 000 − 45 500 = „ 240 500

Total Fr. 780 000

Bemerkung. Die kurzfristigen Erfolgsrechnungen enthalten an Abschreibungen und Passivzinsen die laut „Grundplan der Selbstkostenberechnung" zu ermittelnden „objektiven" Beträge (siehe II. Teil, 12. Abschnitt).

Außergewöhnliche Aufwendungen können, wenn gewünscht, gemäß „Grundplan" Abb. 8, IV. 2. b. behandelt werden.

auf die verkauften Erzeugnisse hinzugezählt werden, dann lasse man lieber die Selbstkosten der Erzeugnisse in der kurzfristigen Erfolgsrechnung aus dem Spiele und rechne nur mit den wirklichen Zahlen der Buchhaltung, so wie sie in der systematischen GVRechnung in die Erscheinung treten.

8. Die Übereinstimmung der systematischen Gewinn- und Verlust-Rechnung mit der Selbstkostenberechnung.

Die Selbstkostenberechnung ist nichts anders als die Zusammenstellung der auf der Ausgabenseite der GVRechnung enthaltenen Zahlen, getrennt für jedes einzelne Erzeugnis, unter Benutzung von genau den gleichen Zahlen für die direkten Aufwendungen, sowie von Zuschlägen, die in ihrer Gesamtheit der Summe aller „voraussichtlichen" Unkosten, Abschreibungen und Passivzinsen möglichst nahekommen, jedoch unter Weglassung aller Zahlenwerte der Nichtfabrikation. Es liegt auf der Hand, daß der als Gesamterfolg aus der systematischen GVRechnung sich ergebende Zahlenwert nur dann gleich der Summe aller von der Selbstkostenberechnungsstelle errechneten Einzelerfolge sein kann, wenn die „voraussichtlichen" indirekten Aufwendungen, die den Berechnungen als Grundlage dienen, mit den wirklichen Zahlen der Buchhaltung übereinstimmen bzw. in Übereinstimmung gebracht werden, eine mit einer erheblichen Mehrarbeit verbundene Operation, die wir bei der Behandlung der Selbstkostenberechnung im II. Teile dieses Werkes kennen lernen werden.

9. Die graphische Darstellung des Flusses zwischen der systematischen Bilanz und der systematischen Gewinn- und Verlust-Rechnung.

Die Abb. 6 stellt in graphischer Form den Fluß dar zwischen Bilanz und GVRechnung, dessen Theorie und praktische Anwendung im 5. Abschnitt entwickelt und gezeigt worden sind. Das Konto des befristeten Kapitals aus ist der Bilanz herausgehoben und unten als GVRechnung mit allen Konten, die in der systematischen GVRechnung vorkommen, ausgebreitet.

Dieser Fluß kann zu jeder Zeit dadurch zum Stillstand gebracht werden, daß der Habensaldo der GVRechnung in die Bilanz zurückversetzt wird, dann müssen die beiden Seiten der Bilanz sich im Gleichgewicht befinden. Ob die Stillstände für die Zwecke der kurzfristigen Erfolgsrechnungen jeweilen am Ende eines Monats oder zum Zwecke der Aufstellung einer Jahresrechnung am Schlusse eines Jahres vorgenommen werden, ändert an der Tatsache des jederzeitigen Gleichgewichtes in der Bilanz nichts.

Die verschiedenen Konten der Aufwendungen und der Erlöse sind als Unterkonten der GVRechnung alle ohne Ausnahme als Kapitalkonten aufzufassen, die links das Minus- und rechts das Pluszeichen haben. Die Bezeichnungen Material-Verbrauchs-Konto, Mietzinsen-Erlös-Konto usw. dienen nur der Namengebung, in Wirklichkeit sollten sie heißen: Kapital-Konto II (Material-Verbrauch), Kapital-Konto II (Mietzinsen-Erlös) usw. Aus der im 2. Abschnitt entwickelten Theorie der grundsätzlichen Buchungen in der Buchhaltung geht hervor, daß die Übergänge aus den *W*-Konten in die Unterkonten der GVRechnung nur unter Wahrung der Übereinstimmung der Vorzeichen vorgenommen werden können. Die Abb. 6 zeigt, daß diese Bedingung erfüllt ist. Eine kurze Besprechung dürfte zum bessern Verständnis beitragen.

Durch den Verbrauch an Materialien für Erzeugnisse, Sonderkosten, Reparaturen, Neueinrichtungen und Unkosten — für diese kommen hauptsächlich die Betriebsstoffe in Betracht — nehmen die Vorratswerte III ab, durch den Verbrauch an Lohn für Erzeugnisse, Sonderkosten, Reparaturen, Neueinrichtungen und Unkosten — für letztere besonders die Betriebslöhne — nehmen die Guthabenwerte II ab, die vorgenommenen Abschreibungen vermindern die absoluten Zahlenwerte der Anlagenwerte I, der Gut-

Abb. 6. Graphische Darstellung

der Übergänge aus den Konten der Bilanz in die Konten
der Gewinn- u. Verlust-Rechnung und zurück in die Konten
der Bilanz, bzw. des jederzeitigen Gleichgewichtszustandes
der beiden Seiten der Bilanz.

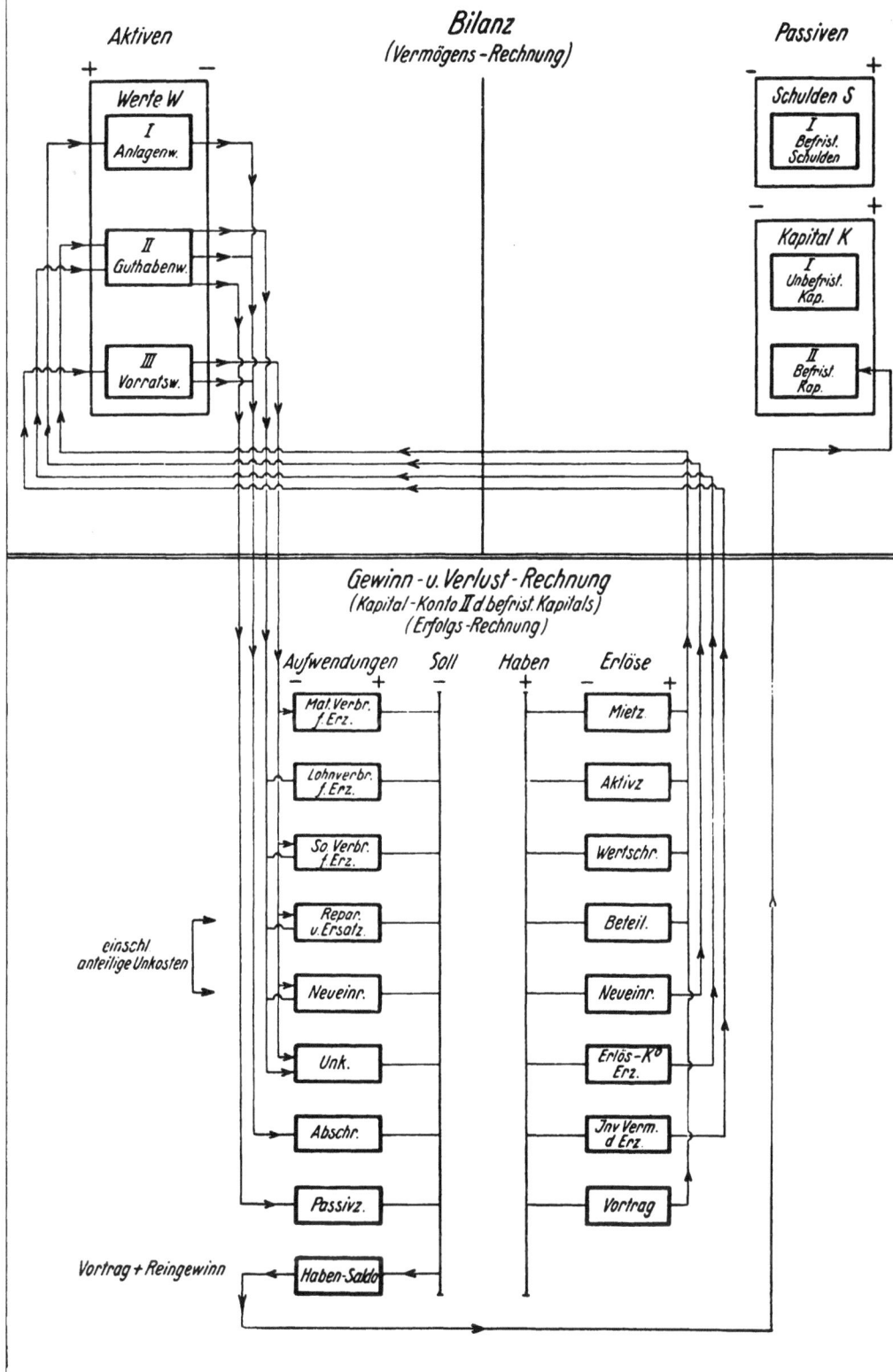

Aktiven

+   −

Werte W

I
Anlagenw.

II
Guthabenw.

III
Vorratsw.

Bilanz
(Vermögens-Rechnung)

Passiven

−   +

Schulden S

I
Befrist.
Schulden

−   +

Kapital K

I
Unbefrist.
Kap.

II
Befrist.
Kap.

Gewinn-u.Verlust-Rechnung
(Kapital-Konto II d.befrist.Kapitals)
(Erfolgs-Rechnung)

Aufwendungen   Soll   Haben   Erlöse
−   +   −   −   +

Mat.Verbr.
f.Erz.   Mietz.

Lohnverbr.
f.Erz.   Aktivz

So.Verbr.
f.Erz.   Wertschr.

Repar.
u.Ersatz.   Beteil.

einschl
anteilige Unkosten   Neueinr.   Neueinr.

Unk.   Erlös-Kᵒ
                                Erz.

Abschr.   Jnv.Verm.
                                d.Erz.

Passivz.   Vortrag

Vortrag + Reingewinn   Haben-Saldo

habenwerte II und der Vorratswerte III, und die Zahlung von Passivzinsen hat eine Abnahme der Guthabenwerte II zur Folge. Die Einnahmen aus Mietzinsen, Aktivzinsen, Wertschriften, Beteiligungen und selbstredend auch aus dem Gewinnvortrag vom Vorjahre, vermehren die Guthabenwerte II, die hergestellten Neueinrichtungen gehen als Inventarvermehrung in die Anlagenwerte I, um später mit Abschreibungsbeträgen wieder in den Unkosten zu erscheinen, die Erlöse aus dem Verkaufe von Erzeugnissen vermehren in Form von Forderungen an Kunden die Guthabenwerte II und schließlich wird der Bestand an Vorratswerten III durch die Inventarvermehrung an Erzeugnissen vergrößert. Die Schulden haben sich nicht geändert — die Zahlung von Passivzinsen und von Obligationen- und Hypothekenzinsen ändert an der Tatsache des Nochvorhandenseins der früheren Schulden nichts — ebensowenig das unbefristete Kapital. Die Habenseite der GVRechnung ist namentlich infolge der Einnahmen aus dem Verkaufe von Erzeugnissen größer als die Sollseite, der Habensaldo geht somit aus der linken Seite der ausgebreiteten GVRechnung als einziger Betrag in das Kapital-Konto des befristeten Kapitals über und zeigt sich in der Bilanz als eine Vermehrung des Gesamtkapitals. Der letztgenannte Übergang findet auf der gleichen Seite der Bilanzgleichung statt, daher buchhalterisch aus dem Minus der GVRechnung in das Plus des Kapital-Kontos. Damit hört der Fluß auf.

Selbstredend sind im Laufe des Jahres noch eine große Reihe von Buchungen aller Art nach den Gl. 1, 2, 4 und 5, Seite 4, vorgenommen worden, die, weil sie auf die Veränderungen des Kapitals keinen Einfluß ausgeübt haben, in der Darstellung des Flusses nicht in die Erscheinung treten.

10. Die Ermittlung der festen und veränderlichen Unkosten aus der systematischen Gewinn- und Verlust-Rechnung.

Feste und veränderliche Unkosten. Zur Bestimmung der Wirtschaftlichkeitsgrenze eines Fabrikunternehmens ist die Kenntnis des relativen Verhältnisses zwischen den festen und veränderlichen Unkosten erforderlich. Erstere sind vom Beschäftigungsgrad unabhängig und stets vorhanden, letztere ändern sich proportional mit jenem. Eine absolute Proportionalität dürfte es kaum geben. Die Wirtschaftswissenschaft unterscheidet drei Arten von veränderlichen Unkosten: 1. solche, die angenähert proportional mit dem Grade der Beschäftigung, 2. solche, die rascher und 3. solche, die weniger rasch steigen oder fallen und teilt sie dementsprechend ein in proportional veränderliche, progressive und degressive Unkosten. Die Grundsätze, nach denen die Einteilung stattzufinden hat, sind noch nicht eindeutig festgelegt. Vorderhand bleibt der Praxis kein anderer Weg offen, als die rechnerische und graphische Ermittlung der verschiedenen Arten von Gemeinkosten bei schwankendem Beschäftigungsgrad. Der Begriff „fest" ist ebenso relativ wie der andere. Bei abnehmender Beschäftigung verteilen sich die festen Unkosten auf eine geringere Zahl von Einzelerzeugnissen oder Menge von Massenerzeugnissen, der relative Anteil jedes Erzeugnisses nimmt dementsprechend zu.

Eine auf praktische Erfahrung gestützte Ausscheidung der Unkosten nach festen und veränderlichen gibt ein ungefähres Bild über ihr relatives Verhältnis. Eine Überprüfung des so gewonnenen Ergebnisses kann mit Hilfe der systematischen GVRechnungen von mindestens drei aufeinanderfolgenden Jahren vorgenommen werden. Es muß jedoch darauf Bedacht genommen werden, aus diesen Rechnungen diejenigen Beträge auszuscheiden, die ihrer Natur nach unvorhergesehenen Veränderungen unterworfen sind, nämlich die mit dem Jahresergebnis wechselnden außerordentlichen Abschreibungen aller Art. Es ist alsdann folgende Aufgabe zu lösen:

Die bekannten Gesamtunkosten U_1 eines Jahres mit der Einzellohnsumme L_1 setzen sich zusammen aus den unbekannten festen Unkosten f_1 und den unbekannten veränderlichen Unkosten v_1. Wenn im folgenden Jahre die Einzellohnsumme auf $L_2 = a \cdot L_1$

gestiegen oder gefallen ist, so müssen von den bekannten Gesamtunkosten U_2 dieses Jahres die festen f_1 in gleicher Höhe wie früher vorhanden sein, während die veränderlichen auf $v_2 = a \cdot v_1$ ansteigen oder fallen müssen. Aus den Gleichungen $U_1 = f_1 + v_1$ und $U_2 = f_1 + a \cdot v_1$ bzw. aus der Differenz $U_2 - U_1 = v_1\,(a - 1) = v_1 \cdot \dfrac{L_2 - L_1}{L_1}$ läßt sich v_1 bestimmen, so daß auch $f_1 = U_1 - v_1$ bekannt ist.

Die Kenntnis des relativen Verhältnisses zwischen den beiden Arten von Unkosten gestattet die Bestimmung der *Grenzpreise* der Erzeugnisse. Es sind dies die Preise, die unter den Selbstkosten liegen, aber in Notfällen sich doch rechtfertigen lassen. Absolut genommen ist der tiefste Grenzpreis eines Erzeugnisses gleich dessen Einzelmaterial plus Einzellohn plus Sonderkosten plus anteiligen veränderlichen Gemeinkosten. Unter diese Grenze darf nicht gegangen werden, sonst täte der Fabrikant besser, dem Kunden eine entsprechende Geldsumme zu schenken, damit dieser auf den erteilten Auftrag verzichte. Was über diesen absolut tiefsten Grenzpreis hinaus beim Verkaufe des Erzeugnisses erzielbar ist, bildet in Krisenzeiten einen Beitrag an die so wie so laufenden festen Unkosten.

II. Die laufenden Buchungen in der Buchhaltung.

Es möge noch gezeigt werden, wie die im 2. Abschnitt entwickelten 9 Gleichungen ihre praktische Anwendung in der Buchhaltung finden.

Die Wertveränderungen, denen die drei Größen W, S und K jede für sich oder in Beziehung zu einer andern unterworfen sind, können wie folgt zusammengefaßt werden:

1. Positive und negative Änderungen nur innerhalb eines der Hauptkonten W, oder S, oder K, ohne Einfluß auf die beiden anderen:

1. $W + a - a = S + K$ 2. $W = (S + a - a) + K$ 3. $W = S + (K + a - a)$

2. Positive oder negative Änderungen in den aktiven Bestandskonten W, mit positivem oder negativem Einfluß entweder auf die passiven Bestandskonten S, oder auf die Kapitalkonten K:

4. $W + a = (S + a) + K$ 5. $W - a = (S - a) + K$ 6. $W + a = S + (K + a)$

7. $W - a = S + (K - a)$

3. Positive oder negative Änderungen in den passiven Bestandkonten S, mit negativem oder positivem Einfluß auf die Kapitalkonten K, aber ohne Einfluß auf die aktiven Bestandkonten W:

8. $W = (S + a) + (K - a)$ 9. $W = (S - a) + (K + a)$

Aus der Problemstellung ergeben sich $(3 \cdot 1) + (2 \cdot 2) + (1 \cdot 2) = 9$ Lösungen, keine mehr und keine weniger. Alle Buchungen, die in der Buchhaltung überhaupt vorkommen können, sind in den 9 Gleichungen 1 bis 9 enthalten, andere gibt es nicht und kann es nicht geben. Es würde übrigens gegen den Grundsatz der zweifachen Buchung in der Buchhaltung verstoßen, wenn die Veränderung einer Größe Veränderungen in zwei anderen Größen zur Folge hätte. Immerhin kommen solche Fälle in der Praxis s c h e i n b a r vor und zwar bei den sogenannten „gemischten Konten", in denen Bestände mit Erfolgen (Gewinn oder Verlust) gemischt erscheinen und von welchen das folgende als Beispiel dienen möge. Ein Lagerkonto — etwa das Konto III. 2). 4 der Bilanz-Aktiven Abb. 3, — Fertigerzeugnisse im Verkaufslager — wird für alle Eingänge an Erzeugniswerten mit gewissen Beträgen belastet und für alle Ausgänge mit den nämlichen Beträgen entlastet, dann behält das Konto seine Eigenschaft als Bestandskonto bei. Wenn jedoch die Ausgänge zu höheren, einen Gewinn, oder geringeren, einen Verlust in sich enthaltenden Beträgen vorgenommen werden, so wird das Konto zu einem „gemischten". Erst nachdem die den Gewinn oder den Verlust darstellenden Beträge aus dem gemischten Konto entfernt sind, wird dieses wieder in ein Bestandskonto verwandelt. Bei den gemischten Konten müssen daher z w e i Doppelbuchungen vorgenommen werden, die beide stets auf je eine der abgeleiteten 9 Gleichungen zurückgeführt werden können.

Sehr rasch kann man sich in die in der Buchhaltung vorkommenden Buchungen einleben, wenn zu den Bezeichnungen Soll und Haben bzw. $+$ und $-$ oder $-$ und $+$ noch die mathematisch selbstverständlichen Begriffe hinzugedacht werden, daß $+$ immer eine Z u n a h m e und $-$ immer eine A b n a h m e bedeutet, dann gelten für alle Buchungen ohne Ausnahme die Regeln:

1. Was in den W-Konten z u nimmt oder in den S- und K-Konten a b nimmt, gehört ins Soll der Buchung,
2. Was in den W-Konten a b nimmt oder in den S- und K-Konten z u nimmt, gehört ins Haben der Buchung,
   oder in mnemotechnischer Darstellung:

Soll	Haben
Wzu	Wab
SKab	SKzu.

In der Zusammenstellung Abb. 7 sind nach dieser Methode typische, in der Buchhaltung immer wiederkehrende Buchungen dargestellt. Am Schlusse ist auch die Anwendung auf den Sonderfall der gemischten Konten ersichtlich.

II. Teil. Die Systematik in der Selbstkostenberechnung.

12. Grundplan der Selbstkostenberechnung.

Grundsätzlicher Aufbau. Bei der Behandlung der Selbstkostenberechnung kann kein anderes Fundament gewählt werden als dasjenige, das seit September 1920 durch die Veröffentlichung des „Grundplan der Selbstkostenberechnung" vom Ausschuß für wirtschaftliche Fertigung AwF, Berlin, gelegt worden ist. Eine gründlichere und durchsichtigere Darstellung des Wesens und des Aufbaues der Selbstkostenberechnung dürfte kaum möglich sein. Für die praktischen Bedürfnisse der Maschinenindustrie sind ferner die vom Verein deutscher Maschinenbauanstalten VDMA herausgegebenen Druckschriften von ganz besonderer Bedeutung. Die in den Fachzeitschriften in ununterbrochener Folge erscheinenden ergänzenden Aufsätze über Teilgebiete der Selbstkostenberechnung, über den Einfluß des Beschäftigungsgrades auf die Kostenentwicklung u. a. m. haben den Stoff in einem derartigen Umfang bereichert, daß es nicht nur überflüssig, sondern vermessen scheinen könnte, im vorliegenden Werke noch etwas zum Bestehenden hinzufügen zu wollen. Die möglichst kurz gehaltenen Abhandlungen in den kommenden Abschnitten setzen als selbstverständlich voraus, daß der Leser mindestens den Inhalt des erwähnten Grundplans genau kennt, so daß Wiederholungen vermieden werden können. Da der Hauptzweck dieser Ausführungen darin bestehen soll, zu untersuchen, ob die aufgestellten Grundsätze der Selbstkostenberechnung allen neuzeitlichen Anforderungen entsprechen und es erforderlich sein dürfte, der Besprechung eine gewisse Unterlage zu geben, ist in Abb. 8 der Grundplan des AwF in seinen wesentlichsten Bestandteilen zusammengefaßt.

Unstimmigkeiten im Grundplan. Bei der praktischen Anwendung der im Grundplan enthaltenen Grundsätze fallen einige Unstimmigkeiten auf:

1. Die Kostenarten und die Kostenträger sind gegenüber den Kostenstellen zu kurz gekommen und treten in ihrer wahren Bedeutung zu wenig hervor.

2. Der Begriff der Kostenarten wird durch die Aufzählung von 12 Arten II. A. 1 bis 12 unwillkürlich zu eng begrenzt.

3. Die Verteilung der Gemeinkosten sollte mit einer größern Genauigkeit vorgenommen werden können. Sie erfolgt laut Grundplan dadurch, a) daß die Gemeinkosten der sogenannten „Gemeinschaftlichen Abteilungen" auf die Hauptkostenstellen des Materialwesens, der Fertigung und des Vertriebes umgelegt werden, III. 2, und, b) daß die Gemeinkosten der „letzten Kostenstellen" der Fertigung einer zweimaligen Umschaltung bedürfen, III. 3.

4. Die Zusammenhänge in der Kostengliederung, wie sie in II., dem grundsätzlichen Gang der Selbstkostenermittlung, dargestellt werden, sind im Vergleich zu dem tatsächlich stattfindenden, bei der Behandlung der Buchhaltung im I. Teile dieses Werkes gezeigten Ineinanderfließen der Werte, zu wenig hervorgehoben, und bedürfen einer Ergänzung.

5. Der unter IV. aufgestellte Grundsatz, daß die Ergebnisse der Gesamterfolgsrechnung der Buchhaltung und die Summe der Teilerfolgsrechnungen der Nachrechnung genau gleich sein müssen, unter Betonung der Tatsache (siehe IV. 2), daß diese Übereinstimmung nur unter der in b) angegebenen Bedingung erzielbar ist, weil aus wirtschaftlichen Gründen die Anwendung der in a) enthaltenen Bedingung nicht empfohlen werden kann, ist wohl zu weitgehend gefaßt und sollte einer Einschränkung unterworfen werden.

Die oben erwähnten Schwächen sind nicht etwa auf rein theoretische Erwägungen zurückzuführen. In der 1. wie in der 2. Auflage dieses Werkes hat der Verfasser die ausführliche Darstellung einer Organisation für Maschinenfabriken veröffentlicht, die dem Wesen nach mit dem Grundplan übereinstimmt. Die seit dem Erscheinen der 2. Auflage 1919 in praktischer Betätigung gemachten Erfahrungen haben die Unvollkommenheiten der beschriebenen Organisation klar zu Tage gefördert. Der im Jahre 1920 erschienene und seither verschiedenen neuen Auflagen unterworfene Grundplan hat die Bedenken nicht beheben können.*)

13. Die Schillingsche Organisationsform.

Herr Professor A. Schilling, Berlin, hat in seinem 1925 im VDI-Verlag herausgegebenen Buche" Die Lehre vom Wirtschaften" alle für die Beurteilung einer Organisation im weitesten Sinne in Betracht fallenden Faktoren vom höhern Standpunkte der reinen Wissenschaft in einer Art und Weise zur Darstellung gebracht, die auf absehbare Zeiten hin als grundlegend angesprochen werden kann. Wenn wir auch nicht in allen Teilen mit Schilling einig gehen, muß doch zugegeben werden, daß die entwickelten, auf alle soziologischen Gebilde überhaupt, somit auch auf eine Maschinenfabrik anwendbaren Theorien, namentlich den Ingenieur äußerst sympathisch anmuten, weil Grundbegriffe in die Erscheinung treten, die dem letzteren seinem ganzen Bildungsgang entsprechend, geläufig sind. Wenn beispielsweise von einer dreidimensionalen Organisationsform die Rede ist und zugleich nachgewiesen wird, daß der organisatorische Aufbau einer Fabrik auf der Aufstellung von drei Grundplänen — der Arten, der Stellen und der Erzeugnisse — beruhen muß, dann ist damit für den Ingenieur schon gesagt, daß zwischen den drei Dimensionen des organisatorischen Körpers Zusammenhänge bestehen müssen, die durch ihm bekannte Gesetze bestimmt sind und daß sie keiner Veränderung im grundsätzlichen Sinne unterworfen werden können, ohne das Gebäude in seiner Grundform zu zerstören. Der Aufbau einer zweidimensionalen Organisation würde den Wegfall einer Dimension bedingen, etwa durch Zusammenlegung der Stellen- und der Erzeugnisdimension, eine Forderung, die im Maschinenbau auch bei Vorhandensein einer fast

---

*) Dem Vernehmen nach soll dieser Grundplan einer neuzeitlichen Umarbeitung unterzogen werden. Der Verf.

Abb. 7. Die laufenden Buchungen

Nr.	Es bedeutet immer: + Zunahme — Abnahme Geschäftsvorgänge	$W =$	
		Soll + Was nimmt zu?	Haben — ab?
	I. Art. Gl. 1. $W + a - a = S + K$		
1	Bargeld auf der Bank B abgehoben zur Einlage in Kassa . . .	Kassa	Forderung an B
2	Einlage von Bargeld aus Kasse in die Bank B	Ford⁵ an B	Kassa
3	„ „ „ „ „ „ auf Postscheck-K°	Postscheck	„
4	Ankauf von Rohstoffen gegen bar	Rohstoffe	„
5	„ „ Werkzeugmaschinen gegen bar	W. Maschinen	„
6	Verkauf „ „ „ „ „	Kassa	W. Masch.
7	„ „ Rohstoffen „ „ „	„	Rohstoffe
8	„ „ „ an A auf Kredit	Ford⁵ an A	„
9	Zahlung des Schuldners A in bar	Kassa	Ford⁵ an A
10	„ „ „ „ „ mittels Wechsels	Besitzwechsel	„ „ „
11	„ „ „ „ „ „ Postschecks	Postscheck	„ „ „
12	„ „ „ „ „ an Bank B	Ford⁵ an B	„ „ „
13	„ „ „ „ „ mittels Wertschriften	Wertschriften	„ „ „
14	Beteiligung bei C, Zahlung erfolgt durch Bank B	Beteiligungen	„ „ „ B
15	Verkauf von Patenten an D, Zahlung in 6 Monaten	Ford⁵ an D	Patente
16	Verkauf eines Erzeugnisses an E, aus Lager F, zum Lagerpreis, ohne Gewinn	Ford⁵ an E	Lager F, Erz.w.
	Gl. 2. $W = (S + a - a) + K$		
21	Schuld an G wird mittels Wechsels bezahlt		
22	„ „ „ „ durch H mittels Verrechnung bezahlt . . .		
	Gl. 3. $W = S + (K + a - a)$		
31	a.o. Abschreibungen werden aus dem Aktivsaldo der GV Rechnung in das Konto der a.o. Abschreibungen übertragen .		
	II. Art. Gl. 4. $W + a = (S + a) + K$		
41	Ankauf von Rohstoffen bei J auf Kredit	Rohstoffe	
42	Die neu aufgenommene Obligationenschuld wird von den Zeichnern an Bank B bezahlt	Ford⁵ an B	
43	Bank K stellt einen Kredit zur Verfügung	„ an K	
	Gl. 5. $W - a = (S - a) + K$		
51	Zahlung an Gläubiger L in bar		Kassa
52	„ „ „ „ durch Bank B		Ford⁵ an B
53	Zur Rückzahlung ausgeloste Obligat. werden in bar zurückgezahlt		Kassa
	Gl. 6. $W + a = S + (K + a)$		
61	Verkaufte Erzeugnisse werden dem Kunden M fakturiert . . .	Ford⁵ an M	
62	Mietzinsen werden in bar bezahlt	Kassa	
63	Bank B schreibt uns Zinsen gut	Ford⁵ an B	
64	Aus der Beteiligung bei C (s. Nr. 14) zahlt dieser den Ertrag für unsere Rechnung an Bank B	„ „ „	
	Gl. 7. $W - a = S + (K - a)$		
71	Steuern werden mittels Postschecks bezahlt		Postscheck
72	Gehälter (oder Löhne) werden in bar bezahlt		Kassa
73	Schuldner N wird zahlungsunfähig		Ford⁵ an N
74	Es wird eine Abschreibung vorgenommen auf Erz.werten d. Lagers F		Lager F, Erz.w.
75	Durch einen Preissturz werden alle Materialvorräte entwertet und müssen entsprechend abgeschrieben werden . . .		Wert der Mat.-Vorräte
	III. Art. Gl. 8. $W = (S + a) + (K - a)$		
81	Übernahme der Bürgschaftsschuld, die der zahlungsunfähige O an P schuldet		
82	Die Generalversammlung der Aktionäre beschließt die Ausschüttung von Dividenden		
	Gl. 9. $W = (S - a) + (K + a)$		
91	Eine zurückgeforderte Anzahlung des Kunden Q wird nachträglich von ihm als zu Recht bestehend anerkannt		
	Sonderfall: Gemischte Konten.		
101	Verkauf eines Erzeugnisses an E, aus Lager F, zum Lagerpreis $a +$ Gewinn g {1. Buchung Gl. 1. (siehe Nr. 16) {2. Buchung Gl. 6.	Forderung an E Betrag $a + g$ Lager F, Erz.werte Betrag g	Lager F, Erz.werte Betrag $a + g$
102	Diskontierung eines Besitzwechsels im Nominal- wert a bei der Bank B, mit Verlust (Diskont) v {1. Buchung Gl. 1. {2. Buchung Gl. 7.	Fordg. an Bank B Betrag $a - v$	Besitzwechsel Betrag $a - v$ Besitzwechsel Betrag v

S		+	K		bezw. GV(Gewinn- und Verlust-K°)	
Soll	Haben		Soll	Haben	Wie erfolgt die Buchung?	
−	+		−	+		
Was nimmt ab?	Was nimmt zu?		Was nimmt ab?	Was nimmt zu?	per Soll	an Haben
					Konto............ an Konto............	
					Kassa	Debr Bank B
					Debr Bank B	Kassa
					Postscheck	„
					Rohstoffe	„
					Werkzeugmaschinen	„
					Kassa	W. Maschinen
					„	Rohstoffe
					Debr A	„
					Kassa	Debr A
					Besitzwechsel	„ „
					Postscheck	„ „
					Debr Bank B	„ „
					Wertschriften	„ „
					Beteiligungen	Debr Bank B
					Debr D	Patente
					Debr E	Lager F, Erz.werte
Schuld an G	Schuldwechsel				Kredr G	Schuldwechsel
„ „ „	Schuld an H				„ „	Kredr H
			Kapital	Kapital	GVAktivsaldo	a.o.Abschreibungen
	„ „ J				Rohstoffe	Kredr J
	Obligat.-Schuld				Debr Bank B	Obligationen
	Schuld an K				„ „ K	Kredr Bank K
Schuld an L					Kredr L	Kassa
„ „ „					„ „	Debr Bank B
Obligationen					Obligationen	Kassa
				Kapital	Debr M	GVFabrikations-K°
				„	Kassa	„ Mietzinsen
				„	Debr Bank B	„ Aktivzinsen
				„	„ „ „	„ Beteiligungen
			Kapital		GVSteuern	Postscheck
			„		„ Gehälter (od. Löhne)	Kassa
			„		„ Abschreibungen	Debr N
			„		„ „	Lager F, Erz.werte
			„		„ „	Rohstofte
	Schuld an P		Kapital		„ Allg. Unkosten	Kredr P
	Schuld an Aktionäre		„		„ Dividenden	Div. Kredr
Schuld an Q				Kapital	Debr-Kredr Q	GVFabrikations-K°
				Kapital Betrag g	Debr E (Betrag a+g)	Lager F, Erz.werte Betrag a+g)
					Lager F, Erz.werte (Betrag g)	GVFabrikations-K° (Betrag g)
			Kapital Betrag v		Debr Bank B (Betrag a−v)	Besitzwechsel (Betrag a−v)
					GVAllg. Unkosten (Betrag v)	Besitzwechsel (Betrag v)

Abb. 8.   **Grundplan der Selbstkostenberechnung** des AwF.

Unter der Voraussetzung, daß das Unternehmen ganz mit geliehenem Kapital und bezahlten Arbeitskräften arbeitet, daß somit die etwa mitarbeitenden Unternehmer auch entlohnt werden, daß die Anlagewerte des Unternehmens in richtiger Höhe zu Buch stehen und entsprechend der wirklichen Entwertung abgeschrieben werden, und daß die Zinsen für das Betriebs- wie das Anlagekapital richtig eingesetzt sind, bestehen

I. die objektiven Selbstkosten
aus:

A. Einzelkosten	plus	B. Gemeinkosten
oder unmittelbaren Kosten, oder direkten Aufwendungen, und diese enthalten für die einzelnen Aufträge: 1. Einzelmaterialien, früher Produktivmaterialien genannt, 2. Einzellöhne, früher Produktivlöhne genannt, 3. Sonderkosten: a) allgemeiner Art, wie Lizenzen, Provisionen, Verpackungskosten, b) besondere Kosten, die in einem bestimmten Falle über den Rahmen des Gewöhnlichen hinausgehen, c) besondere Wagnisse, die mit einem bestimmten Auftrag zusammenhängen.		oder mittelbaren Kosten, oder indirekten Aufwendungen, früher Unkosten genannt, und diese enthalten, nachdem die Gemeinkosten für die G. Gemeinschaftlichen Abteilungen, wie Direktion, Hauptbuchhaltung, Kasse, Kraft- und Heizanlage, Phot. Werkstatt, Patentwesen, Fuhrwesen u. a. auf die drei nachbenannten Hauptzweckgebiete verteilt worden sind, die

B. Gemeinkosten für die drei Hauptkostenstellen:

M. das Materialwesen,	F. die Fertigung, umfassend:	V. den Vertrieb,
den Einkauf, die Verwaltung, die Lagerung des Materials u. a. bis zu dessen Ausgabe an die Fertigung oder den Vertrieb.	a) die Erzeugnisgruppen (siehe II B. d) b) die allgemeinen Betriebe, die für alle Fertigungsbetriebe arbeiten, c) die Hilfsbetriebe, die mittelbar, d) die Fertigungsbetriebe, die unmittelbar an der Herstellung von Erzeugnissen für den Verkauf oder die einzelnen Anlagen arbeiten.	die Stellen, die sich mit dem Vertrieb der Erzeugnisse beschäftigen, getrennt nach Gruppen der hergestellten Erzeugnisse, nach Ländern u. a. m.

Die derart gefaßten Gemeinkosten sind auf die einzelnen Erzeugnisse oder einzelnen Aufträge nach verschiedenen Schlüsseln zu verteilen durch:

Zuschläge
auf

das Material, nach 1. der Menge, dem Gewicht, oder 2. dem Wert,	1. die Fertigungslohnstunden (Zeitzuschlag) oder 2. die Fertigungslohnsummen (Lohnzuschlag),	die Herstellungskosten = der Summe von Werkstoffgesamtkosten und Fertigungsgesamtkosten.

Unter betriebswirtschaftlichen Gesichtspunkten ergibt sich:
Selbstkosten der Erzeugnisse für den Verkauf = Herstellungskosten plus Vertriebskosten,
Selbstkosten der Erzeugnisse für die Selbstnutzung = Herstellungskosten ohne Vertriebskosten.

II. Der grundsätzliche Gang der Selbstkostenermittlung

ist folgender: Alle Kosten werden aufgezeichnet und gegliedert nach

A. Kostenarten,

1. die entstehenden Kosten eindeutig und vollständig aufschreiben zu können,
2. um laufend in großen Zügen über die Zusammensetzung der gesamten Kosten aus ihren hauptsächl. Bestandteilen unterrichtet zu sein.

Sammelbegriffe, wie Unterhaltungskosten, Montagekosten, die eineZweckbestimmung enthalten, sind zu vermeiden. Die nach Begriffsbestimmungen eingeteilten Kostenarten sind: 1. Materialkosten, 2. Personalkosten, 3. Sachversicherungen, 4. Steuern und andereAbgaben,5.Postgebühren, 6.Werbekosten, 7. Beförderungskosten, 8. Kosten für Schutzrechte,9.Abschreibungen,10.Zinsen für Anlage- und Betriebskapital, 11. Grundstücks- und Gebäudekosten, 12. Wagnisse und Ausfälle.

B. Kostenstellen,

zu dem Zwecke
1. die Kosten, die an einer bestimmten Stelle oder für einen bestimmten Zweck entstehen, zu sammeln und
2. mit der entsprechenden Leistung zu vergleichen.

Eine Kostenstelle braucht nicht immer
a) ein Raum zu sein, sie kann auch
b) eine Tätigkeit sein, z. B. die Hausverwaltung, das Fuhrwesen, oder
c) einem Zweck dienen, z. B. Ausbesserungsarbeiten, Versuche, oder
d) eine Gruppe von Erzeugnissen umfassen (Gruppenkosten), sogar
e) nur einzelne Aufträge, die nicht Erzeugnisse oder Leistungen für den Verkauf oder die eigenen Anlagen (Anlagekonto) betreffen.
d) und e) werden behelfsmäßige Kostenstellen genannt,
f) die an der Ausführung von Kostenträgern unmittelbar beteiligten Stellen werden als

„letzte Kostenstellen"

des *M.* Materialwesens (die einzelnen Lager), *F.* der Fertigung (die Fertigungsbetriebe) und *V.* des Vertriebes (die Verkaufsbüros) bezeichnet.

C. Kostenträgern,

alle Kosten, die entstehen, letzten Endes durch dieselben aufzubringen.

Kostenträger sind nur
a) die Erzeugnisse und Leistungen für den Verkauf,
b) die Erzeugnisse und Leistungen für eigene Anlagen (Anlagekonto), nicht auch die Erzeugnisse und Leistungen für den eigenen Betrieb, die nicht auf Anlagekonto verbucht, sondern unter Gemeinkosten verrechnet werden.

—————

Die Einzelkosten werden unmittelbar auf die Kostenträger verrechnet, die Gemeinkosten werden mittelbar auf die Kostenträger aus den „letzten Kostenstellen" übertragen.

III. Die Verteilung der Gemeinkosten

erfolgt in drei Schritten:

(der Verfasser führt deren vier an; der Grundplan faßt die Nr. 2 und 3 zusammen).

1. Sämtliche buchhalterisch nach Arten gefaßten in II. A. enthaltenen Gemeinkosten werden auf sämtliche Kostenstellen II. B., a) bis e) angemessen und restlos verteilt, eindeutig darstellbar in Form eines schachbrettartigen Schemas (rechtwinklichen Koordinatensystems), in dem seitlich untereinander alle Kostenarten aufgezählt und oben nebeneinander alle Kostenstellen angegeben sind.

2. Die Gemeinkosten der Gemeinschaftlichen Abteilungen I. B. G. werden angemessen und restlos auf die drei Hauptkostenstellen I. B. M, F und V verteilt.

3. Die Gemeinkosten der in den drei Hauptkostenstellen I. B. M, F und V enthaltenen Kostenstellen werden angemessen und restlos auf die entsprechenden letzten Kostenstellen II. B. f) M, F und V verteilt, bei M und V unmittelbar, bei F in zwei Schritten, indem zuerst die allgemeinen Betriebe I. B., F, b) auf die Hilfsbetriebe I. B., F, c) und auf die Fertigungsbetriebe I. B., F d), zuletzt auch die entsprechend beschwerten Hilfsbetriebe und die Erzeugnisgruppenkosten I. B., F a) auf die Fertigungsbetriebe (die letzten Kostenstellen der Fertigung) verteilt werden. Die letzten Kostenstellen enthalten schließlich: 1. eine erste Gruppe von Gemeinkosten, die aus der Artenverteilung Nr. 1 hereingekommen sind: die Einzelkosten der Stellen und 2. eine zweite Gruppe von Gemeinkosten, die durch die Verteilung Nr. 3 aus anderen Kostenstellen hinzugekommen sind: die Gemeinkosten der Stellen. Diese beiden Posten werden zu einem einheitlichen Zuschlagsatz für die betreffende letzte Kostenstelle zusammengefaßt.

4. Die Gemeinkosten der letzten Kostenstellen II. B. f), M, F und V werden auf die Kostenträger II. C. a) und b) in angemessenem Verhältnis, in Form von Zuschlägen, gemäß I. B. M, F und V verteilt.

IV. Buchhaltung und Nachrechnung.

Grundsatz: Der Gesamterfolg, der sich durch Zusammenzählen der Einzelerfolge aus der Nachrechnung ergibt, muß dem von der Buchhaltung errechneten Gesamterfolge, abgesehen von Bewertungseinflüssen und von Gewinnen, die nicht aus der Fabrikation herrühren, genau gleich sein, da beide aus denselben Quellen schöpfen.

1. Buchungs- und Rechnungsvorgang.

Die Trennung der von der Buchhaltung auf Grund der Belege auf einzelnen Konten gebuchten eindeutigen Kostenarten kann erfolgen:

a) buchhalterisch,

b) statistisch, in welchem Falle darauf geachtet werden muß, daß die Summe der statistisch verteilten Gemeinkosten den buchhalterisch ausgewiesenen Belastungen genau gleicht.

2. Die Übereinstimmung zwischen Nachrechnung und Buchhaltung

wird trotz des engen Ineinandergreifens dadurch gestört, daß die Nachrechnung bei der Anwendung der Zuschlagsätze Zahlen benutzt, die nicht aus dem gleichen Zeitabschnitt stammen wie jene der Buchhaltung. Sie kann aber bewerkstelligt werden, indem

a) die für einen Rechnungsabschnitt durch Zuschläge gedeckten Gemeinkosten für jede Kostenstelle zusammengezählt, mit den tatsächlich aufgetretenen Gemeinkosten verglichen und dadurch die Zuschlagsätze richtiggestellt werden. Da es sehr mühsam und zu kostspielig sein würde, die Nachrechnung mit den berichtigten Zuschlägen zu wiederholen, da überdies die Richtigstellung der Nachrechnung ihrerseits die Buchungsergebnisse ändern würde, ist es auf diesem Wege nicht möglich, eine genaue Übereinstimmung zwischen Buchhaltung und Nachrechnung herbeizuführen,

b) die Nachrechnung die Zuschläge benutzt, die sich für den Rechnungsabschnitt selbst ergeben. Dabei werden alle Aufwendungen, auch die Gemeinkosten, sofort in dem Zeitabschnitt ihres Entstehens restlos auf die einzelnen Aufträge verrechnet. Nur außergewöhnliche Aufwendungen werden auf einem Übergangskonto verbucht und auf die folgenden Rechnungsabschnitte verteilt, um zu große Schwankungen in den Zuschlagsätzen zu vermeiden.

V. Vorrechnung und Nachrechnung.

1. Die Vorrechnung soll den, einem Angebot zugrunde zu legenden, sachlich richtigen Preis ermitteln (Angebot-Vorrechnung) und ein Urteil über die für die Ausführung wirtschaftlichsten Arbeitsverfahren ermöglichen (Werkstatt-Vorrechnung). Sie stützt sich auf die Ergebnisse der Nachrechnung; diese muß daher dauernd zur Prüfung der Vorrechnung herangezogen werden.

2. Die Nachrechnung. Damit die Nachprüfung durch die Ergebnisse der Nachrechnung durchführbar ist, müssen beide Rechnungen in ihrem grundsätzlichen Aufbau miteinander übereinstimmen. Ist dieser Voraussetzung genügt, so müssen, wenn die Vorrechnung richtig war und die Fertigung planmäßig durchgeführt wurde, Vorrechnung und Nachrechnung zahlenmäßig dieselben Ergebnisse aufweisen.

VI. Grunderfordernis der Selbstkostenberechnung.

Buchhaltung, Vorrechnung und Nachrechnung müssen nach einheitlichen Gesichtspunkten auf einheitlichem Grundplan aufgebaut sein, damit die Ergebnisse dieser drei Einrichtungen miteinander vergleichbar sind.

absolut gleichbleibenden Massenherstellung, kaum ernsthaft in Betracht fallen könnte. So gelangen wir aus den Schillingschen grundsätzlichen Erwägungen heraus zu dem Ergebnis, daß für jede Maschinenfabrik der dreidimensionale Aufbau ihrer Organisation in ihrem Wesen liegt und durch keine andere Form der Organisation ersetzt werden kann. Dann haben die drei Dimensionen auch alle denselben Wert und es darf keine auf Kosten einer anderen in ihrer wahren Bedeutung zurücktreten. Die zu ihrer Darstellung vorzunehmende Umlegung und Nebeneinanderstellung in der Bildebene ändert an der Tatsache des wirklichen räumlichen Vorhandenseins der drei Dimensionen nichts. Beim Studium selbst der bekanntesten Werke und Schriften über die Organisation von Maschinenfabriken konnte das im Unterbewußtsein sich bemerkbar machende Empfinden, daß eine der Dimensionen — es war fast stets die Erzeugnisdimension — gleichsam für sich zu existieren pflegte und nur gewaltsam den beiden anderen zugesellt werden konnte, nie mit Erfolg unterdrückt werden. Erst die Schillingsche Definition der Organisation gibt den Schlüssel zur Erkenntnis, daß etwas in der Art der früheren Darstellung gefehlt hatte.

Im Grundplan ist hervorgehoben, daß die Verteilung der Kosten um so richtiger wird, je mehr die Kosten unmittelbar den letzten Kostenstellen oder, wenn dies nicht möglich ist, wenigstens jenen Kostenstellen zugeführt werden, die in möglichst wenigen weiteren Schritten zu den letzten Kostenstellen führen. Nun muß doch wohl zugegeben werden, daß der Sicherheitsgrad der im 12. Abschnitt unter 3 angegebenen vielen Umlegungen nicht gerade vertrauenerweckend sein kann. Die Frage scheint berechtigt zu sein, ob das mangelnde Vertrauen nicht etwa darauf zurückzuführen ist, daß die Grundlage, von der ausgegangen wurde, eine Erhöhung des Sicherheitsgrades der Verteilung überhaupt nicht zulasse, und wenn dies der Fall sein sollte, ob nicht eine andere Grundlage zu wählen sei. In der Tat zeigt Schilling den zu beschreitenden Weg, indem durch Erweiterung der Erzeugnisdimension zu einer Erzeugnis- und Verfahrendimension für erstere eine Basis geschaffen wird, die sie ihrer Natur nach haben sollte, nämlich die Basis des natürlichen Werdeganges der Erzeugnisse vom Rohstoff an bis zu ihrer Umwandlung in Geldwerte, die dem Unternehmen schließlich in Form von Zahlungen von Kunden zufließen.

Der aufmerksame Leser des Schillingschen Buches wird schon beim Studium der im I. Teile dieses Werkes behandelten Buchhaltung zu der Erkenntnis gelangt sein, daß jene Darstellung sich an die Schillingsche Theorie der „stehenden und fließenden Elemente" anlehnt. Dieselbe Theorie wird auch in diesem Teile bei der Behandlung der Selbstkosten zur Anwendung gelangen und damit soll die bisher übliche Form der Darstellung in einer solchen Art und Weise erweitert werden, daß sie jener der kaufmännischen systematischen Buchhaltung mindestens ebenbürtig wird.

14. Die Grundpläne einer Fabrikorganisation.

Grundsätzliches. An der grundsätzlichen Einteilung in die drei Grundpläne der Arten, der Stellen und der Erzeugnisse ist nicht zu rütteln. Die Form, in welche der Stellenplan gekleidet werden soll, ist abhängig von dem Inhalt des Erzeugnisplanes, dessen Aufbau sich am folgerichtigsten ergibt, wenn nach Schilling die Verfahren miteingeschlossen werden. Die rasche Entwicklung der Fließarbeit, die Erkenntnis, daß der ungestörte Gang der Fertigung nur gewährleistet wird, wenn die Arbeiten bis in alle Einzelheiten richtig vorbereitet werden, die Notwendigkeit, die zur Fertigung benötigten Werkstoffe, Werkzeuge, Vorrichtungen rechtzeitig bereitzuhalten, die Arbeiten des Konstruktionsbüros mit jenen der Fertigungsabteilungen in Einklang zu bringen, die Arbeitseinteilung in diesen letzteren derart vorzunehmen, daß ein Ineinandergreifen der Arbeiten gesichert wird u. a. m. haben zur Folge, daß die Tätigkeit der Vorbereitung an Bedeutung jener der Fertigung im engern Sinne, der Ausführung, in vielen Fällen mindestens gleichzustellen ist.

Die Stufe, die der Vertrieb im Verfahrenplan einzunehmen hat, hängt davon ab, ob Einzel- oder Lagerherstellung vorliegt. Im ersten Falle steht der Vertrieb vor der Vorbereitung, im zweiten Falle nach der Ausführung. Als letztes Glied in der Reihe steht die Verrechnung der ausgeführten Erzeugnisse und im Anschluß daran die Tätigkeit der Verwaltung und des Hereinbringens der Guthabenwerte, die durch den Verkauf der Erzeugnisse den Schluß des Kreislaufes der Wertverschiebungen bildet.

Die derart sich ergebende Stufenfolge der Verfahren kann nur dann befriedigen, wenn sie nicht nur theoretisch, sondern auch praktisch Vorteile bietet in dem Sinne, daß durch ihre Anwendung Vereinfachungen in der Gesamtheit der Organisation sich ergeben. In der Sprache der Dimensionen bedeutet das nichts anderes als die Beantwortung der Frage, ob es gelingt, eine möglichst große Anzahl von Stellen ohne gewaltsame Umschaltungen in die Verfahren hinüberzuführen, noch klarer ausgedrückt, ob die vielen Umlegungen von Gemeinkosten, die durch den bisherigen Gang der Selbstkostenermittlung bedingt worden sind, auf ein Mindestmaß und damit zugleich die Genauigkeit und der Sicherheitsgrad auf ein Höchstmaß gebracht werden können. Die nachfolgenden Darstellungen werden den Nachweis leisten, daß diesen Anforderungen in weitgehendem Maße entsprochen wird.

Wir ergänzen daher den zu eng gefaßten Erzeugnisplan durch die Verfahren zu einem Erzeugnis- und Verfahrenplan und stellen in die Stufenfolge der Verfahren die Vorbereitung, die Ausführung, den Vertrieb und die Verrechnung ein.

Der Artenplan. Das Unternehmen, dessen systematische Bilanz und systematische Gewinn- und Verlust-Rechnung in den Abb. 3 und 4 dargestellt worden sind, kann logischerweise keinen anderen Artenplan aufweisen als den in Abb. 9 dargestellten. Der Artenplan enthält nur die kaufmännischen Hauptbuchkonten der Buchhaltung, vermehrt um die Unterkonten der Gewinn- und Verlust-Rechnung — des Kapitalkontos II des befristeten Kapitals — für deren Einteilung die praktischen Erfordernisse maßgebend sind. Die Unterteilung des buchhalterischen Sammelkontos der „Unkosten" in die Gemeinkostenkonten erster Ordnung K. II. i. 6 bis 15 ist dem Grundplan entnommen. Konten niederer Ordnung können nach Bedarf eingerichtet werden. Für die Bedürfnisse der Selbstkostenberechnung müssen einige Konten hinzugefügt werden, die in Abb. 9 unten angegeben sind. Während die Buchaltungskonten der Abschreibungen und der Passivzinsen die wirklichen Aufwendungen enthalten, müssen in die entsprechenden S-Konten, für die Selbstkostenermittlung, diejenigen Beträge an Abschreibungen und Zinsen für Anlage- und Betriebskapital eingesetzt werden, die dem Zwecke der Ermittlung der „objektiven" Selbstkosten laut Grundplan zu dienen haben. Die Abstimmungen zwischen den kaufmännischen und den S-Konten erfolgen mittels der angeführten Verrechnungskonten der Abschreibungen und der Passivzinsen.

Der Stellenplan. Die Abb. 10 zeigt für das geschilderte Unternehmen eine dem Grundplan entsprechende Übersicht der Kostenstellen. Es wird dabei angenommen, daß die Fabrik 3 Arten von Erzeugnissen herstellt, die in 3 getrennten Werkstätten zur Ausführung gelangen, daß die Konstruktionsbüros, Prüfstände, Betriebs-Vorrechnungen, Arbeitsbüros, Nachrechnungen für jede Erzeugnisgruppe besonders vorhanden sind und daß der Vertrieb der Erzeugnisse ebenfalls 3 Verkaufsbüros übertragen ist. Selbstredend will diese Zusammenstellung nicht auf absolute Richtigkeit Anspruch machen, sie hat nur dazu zu dienen, das Wesen der Zu- und Unterordnungen laut Grundplan darzustellen und als Unterlage für die sogleich zu zeigende Umgruppierung benutzt zu werden. Die „Gemeinsamen Abteilungen", die laut Grundplan in die Hauptkostenstellen des Materialwesens, der Fertigung und des Vertriebes umgelegt werden müssen, sind absichtlich in die zwei Gruppen der kaufmännischen und der nichtkaufmännischen Abteilungen gespalten. Die letzten Kostenstellen, aus denen die Gemeinkosten in die Erzeugnisse hinübergeführt werden, sind durch Einrahmung kenntlich gemacht.

Abb. 9. **Artenplan.**
(Hauptbuchkonten)

Werte W.	**Schulden S.**
I. Anlagenwerte	**I. Befristete Schulden**
① 1. Fabrikanlagen-K°	① 1. Obligationen-K°
2. Wohlfahrtsbauten-K°	2. Hypotheken-K°
② 1. Maschinen-K°	② 1. Dividenden-Kred.-K°
2. Einrichtungen-K°	2. Oblig.-Zinsen „ „
3. Wz.- u. Vorr.-K°	3. Schuldwechsel-K°
4. Modell-K°	4. Kundenanzahlungen-K°
③ 1. Patente-K°	5. Banken-Kred.-K°
2. Lizenzen-K°	6. KᵗKᵗ-Kred.-K°
	③ Fonds-K°
II. Guthabenwerte	
① Kassa-K°	**Kapital K.**
② Besitzwechsel-K°	**I. Unbefristetes Kapital**
③ Wertschriften-K°	① Aktienkapital-K°
④ 1. Poscheck-K°	② 1. Ordentl. Reservefond-K°
2. Banken-Deb.-K°	2. Außerordentl. Reservefond-K°
3. KᵗKᵗK°-Debitoren	
⑤ Beteiligungen-K°	**II. Befristetes Kapital**
	① Gewinn- u. Verlust-K°.

II. Vorratswerte	Aufwendungen Einzelkosten-Konten	Erlöse Erlös-Konten
① 1. Baustoffe-K°	1. Materialverbrauch-K°	21. Mietzinsen-Erlös-K°
2. Betriebsstoffe-K°	2. Lohnverbrauch-K°	22. Aktivzinsen-Erlös-K°
② 1. Halbfabrikate-K°	3. Sonderk.-Verbrauch-K°	23. Wertschriften-Erlös-K°
2. Ausw. Montagen-K°		24. Beteiligungen-Erlös-K°
3. Teillager-K°	Gemeinkosten-Konten	25. Erlös-K° Neueinrichtungen
4. Verkaufslager-K°	4. Abschreibungen-K°	26. „ Erzeugnisse
5. Konsign.-Lager-K°	5. Passivzinsen-K°	27. „ Inventar-Verm.
	6. Materialkosten-K°	28. Gew.- u. Verl.-Vortrag-K°
	7. Personalkosten-K°	
	8. Sachversicherungen-K°	
	9. Steuern- u. Abgaben-K°	
	10. Postgebühren-K°	
	11. Werbekosten-K°	
	12. Beförderungskosten-K°	
	13. Schutzrechte-K°	
	14. Repar.- u. Ersatz-K°	
	15. Wagnisse- u. Ausfälle-K°.	

Für die objektive Selbstkostenberechnung kommen hinzu:	4a) S-Abschreibungen-K° 5a) S-Passivzinsen-K° 4b) Verrechnungs-K° Abschr. 5b) „ Passivzinsen

Abb. 10. Übersicht der Kostenstellen laut Grundplan.

Die │letzten Kostenstellen│ sind eingerahmt.

Gemeinsame Abteilungen G		Materialwesen M		Vertrieb V	
Kaufmännische Verwaltung K	Nichtkaufmännisch. Stellen N	Einkauf E	Lagerführung L	Allgemeine Abteilungen A	Verkaufsbüros Nr. 1, 2, 3
GK	GN	ME	ML	VA	V1 V2 V3
1. Kaufm. Direkt.	1. Kraft u. Licht	1. Einkaufs-Büro	1. Verwalt.-Büro	1. Vertriebs-Direkt.	1. Verkaufsbüro 1
2. Sekr. u. Korresp.	2. Heizung		2. Eisen - Lager	2. Angeb.-Vorrech⁸	2. „ 2
3. Personalabtg.	3. Repar.-Werkst.		3. Kupfer- „	3. Auftragbüro	3. „ 3
4. Hauptbuchh.	4. Bahnanschluß		4. Draht- „	4. Fakturierung	
5. Unkosten-Bh.	5. Autobetrieb		5. Isol.mat.- „	5. Versand	
6. Aktenverwaltg.	6. Mat.prüfanstalt		6. Holz- „	6. Kistenmacherei	
7. Kassa	7. Wohlfahrtshaus		6. Kohlen- „	7. Druckschr.Verw.	
8. Betriebs-Buchh.	8. Hausverwaltung		8. Büromat. „	8. Verkaufs-Lager	
	9. Hof			9. Konsign.- „	
	10. Feuerwehr			10. Werbebüro	
	11. Photographie			11. Vertreter	
	12. Heliographie			12. Zweigniederlassungen Inland	
				13. Zweigniederlassungen Ausland	

Fertigung F					
Erzeugnis-gruppenstellen Konstruktion	Allgemeine Betriebe	Hilfs-betriebe	Fertigungsbetriebe		
			Werk I	Werk II	Werk III
FK	FA	FH	W I	W II	W III
1. Techn. Direkt.	1. Betr.-Direktion	1. Werkz.macherei	1. Werkführerbüro	1. Werkführerbüro	1. Werkführerbüro
2. Konstr.-Büro 1	2. Betr.-Vorrechn. 1		2. Zwischenlager	2. Zwischenlager	2. Zwischenlager
3. „ „ 2	3. „ „ 2		3. Handlangerei	3. Handlangerei	3. Handlangerei
4. „ „ 3	4. „ „ 3		4. Anreißerei	4. Anreißerei	4. Anreißerei
5. Prüfstand 1	5. Arbeitsbüro 1		5. Dreherei	5.	5.
6. „ 2	6. „ 2		6. Revolverdreh.	6.	6.
7. „ 3	7. „ 3		7. Bohrwerke	7.	7.
8. Teillager	8. Nachrechnung 1		8. Bohrerei	8.	8.
9. Modellager	9. „ 2		9. Hobelei	9.	9.
10. Mod.tischlerei	10. „ 3		10. Fräserei	10	10.
11. Patentbüro	11. Arbʳ-Annahme		11. Schleiferei	11.	11.
	12. Lohnbüro		12. Schlosserei	12.	12.
			13. Blechstanzerei	13. Schmiede	13. Autogen-Schw.
			14. Blechbekleberei	14. Montage	14. Montage
			15. Blechzusammensetzerei	15. Malerei	15. Malerei
			16. Wickelei		
			17. Galvan. Werkst.		
			18. Montage		
			19. Malerei		

Der systematische Stellenplan nach Vorschlag des Verfassers ist unter Berücksichtigung des Zusammenhanges mit dem Erzeugnis- und Verfahrenplan in Abb. 11 dargestellt.

Die Vorbereitung spaltet sich zunächst in Materialwesen, Konstruktion und Betrieb. Das Materialwesen enthält als allgemeine Abteilungen den Einkauf und die Lagerverwaltung und als besondere Abteilungen die verschiedenen Lager. Nach Zuschaltung der anteiligen Gemeinkosten des Einkaufs und der Lagerverwaltung bilden die Stellen der Lager die letzten Kostenstellen VbM 1 bis 8 des Materialwesens.

Die Vorbereitungsstellen der Konstruktion und des Betriebes sind diejenigen Stellen, die mit den Erzeugnisgruppen zu tun haben, wie in der Abbildung ersichtlich. Nach Zuschaltung der anteiligen Gemeinkosten der allgemeinen Abteilungen bilden die Abteilungen der Erzeugnisgruppen zunächst die „vorletzten Kostenstellen" der Vorbereitung-Konstruktion und der Vorbereitung-Betrieb, die zusammengefaßt werden zu den „letzten Kostenstellen" VbE 1 bis 3 der Vorbereitung-Erzeugnisse jeder einzelnen Erzeugnisgruppe.

In der Stufe der Ausführung sind es die Fertigungsbetriebe, die nach Zuschaltung der Gemeinkosten der allgemeinen Abteilungen 1, 2 und 3 der Werke I, II und III die letzten Kostenstellen der Ausführung bilden, A. W. I, A. W. II und A. W. III, getrennt nach Erzeugnissen der Gruppen 1, 2, und 3.

Beim Vertrieb wie bei der Verrechnung erfolgen die Umschaltungen in genau gleicher Weise und es ergeben sich die Vertriebskosten und die Verrechnungskosten in den letzten Kostenstellen Vt. E. 1, 2 und 3 und Vr. E. 1, 2 und 3 jeder einzelnen Erzeugnisgruppe 1, 2 und 3.

Es bleiben dann als wirkliche „Gemeinsame Stellen" nur die in Abb. 11 links unten gezeigten übrig, die mit jenen der nichtkaufmännischen Stellen der „Gemeinsamen Abteilungen" laut Grundplan in Abb. 10 genau übereinstimmen. Die Kosten dieser Abteilungen G. 1 bis 12 sind die einzigen, deren Umschaltung auf alle übrigen Kostenstellen, die sie benutzen, eine besondere Aufschreibung und Abrechnung erfordert, eine Arbeit, die mit großer Genauigkeit ausgeführt werden kann, weil mit wenigen Ausnahmen die Leistungen dieser Abteilungen mit Hilfe von Auftragszetteln genau ermittelt zu werden pflegen.

Die Abb. 11 zeigt sehr deutlich, daß die Umschaltungen der Gemeinkosten der allgemeinen Abteilungen, weil innerhalb einer Stufe in der Dimension erfolgend, mit einem bemerkenswert hohen Sicherheitsgrade verbunden sind, sowie auch — und das ist besonders wichtig —, daß Stellen und Verfahren zusammenfallen, für die Ausführung allerdings nur in der Gesamtheit jeder Erzeugnisgruppe.

Die Frage liegt nahe, ob die Umgruppierung des Stellenplans Abb. 10 in einen solchen nach Abb. 11 auch eine Änderung in der Zu- und Unterordnung zur Folge haben muß. Das ist durchaus nicht der Fall. Der Stellenplan Abb. 11 hat nur der richtigeren und rascheren Fassung und Umschaltung der Gemeinkosten zu dienen und hat mit der Zu- und Unterordnung der Stellen bzw. der Personen, die in diesen Stellen tätig sind, nur gleichsam theoretisch zu tun. Praktisch ändert somit der neue Stellenplan an einer bestehenden Organisation nichts.

Sodann kann man über die Zuteilung einzelner Stellen zu dieser oder jener Verfahrenstufe in guten Treuen verschiedener Meinung sein, so z. B. der Prüfstände, des Patentbüros, des Auftragbüros u. a. Der Vergleich wird zeigen, daß nur eine einzige Stelle aus Abb. 10 nicht in Abb. 11 herübergenommen worden ist, es ist die „Betriebs-Buchhaltung" G. K. 8, deren Existenzberechtigung nicht über jeden Zweifel erhaben ist.

Der Erzeugnis- und Verfahrenplan ist in Abb. 12 gezeigt, und es dürfte eine Erläuterung sich erübrigen.

In allen bisherigen Darlegungen war stets nur von den zum Verkaufe bestimmten Erzeugnissen die Rede, sie gelten selbstredend auch für die Neueinrichtungen, deren

Einzel- und Gemeinkosten nach genau den gleichen Grundsätzen zusammengefaßt werden wie jene, der letzten Endes für die Kundschaft bestimmten Erzeugnisse, mit der einzigen Ausnahme der Vertriebskosten, die für Neueinrichtungen dahinfallen, Abb. 12.

15. Die Zusammenhänge zwischen den drei Grundplänen.

Schriftliche Darstellung. Wenn die drei räumlich getrennten Grundpläne umgeklappt und in der Bildebene nebeneinander gestellt werden, so ergibt sich ein Bild gemäß Abb. 13. Hier ist gezeigt, was als Einzelkosten und was als Gemeinkosten im Sinne der Selbstkostenberechnung aufzufassen ist und wie die gesamten Aufwendungen nach Arten, in Form von Aufwendungen an Material, Lohn und Sonderkosten, sowie in Form von Zuschlägen, sich letzten Endes in genau gleicher Höhe in den Erzeugnissen vorfinden müssen, während die Stellen nur dazu gedient haben, auf dem kürzesten und sichersten Wege die Artenaufwendungen an Unkosten, Abschreibungen und Passivzinsen — diese Ausscheidung ist nach dem, was in Abb. 9 unten angeführt ist, ohne besondere Begründung erklärlich — als Zuschläge in die Erzeugnisse überzuführen. Die Gegenüberstellung der Werte am Anfang eines Rechnungsabschnittes und am Ende desselben, ergibt als Schlußergebnis: Erlös = Artenverbrauch plus Gewinn = Selbstkosten plus Gewinn.

In der vorliegenden Form zeigt sich die Schillingsche Theorie der Organisation in ihrer wahren und grundlegenden Bedeutung und es ist Herrn Prof. Schilling vom rein praktischen Gesichtspunkte durchaus beizupflichten, wenn er in seiner entwickelten Theorie die Behauptung aufstellt, es habe die Statik (das Baugerüst) der Organisation einer jeden Fabrik mit der Aufstellung der eindeutigen und einwandfreien drei Grundpläne anzufangen.

Eine kurze Überlegung an Hand der Zusammenstellung Abb. 13 zeigt die bei der praktischen Anwendung der Selbstkostenermittlung zu überwindenden Schwierigkeiten. Die Fassung des Artenverbrauches an Material, Lohn und Sonderkosten erfolgt mit Hilfe von Material- und Lohnzetteln sowie besonderen Niederschriften mit fast absoluter Genauigkeit. Höchstens über die Frage der Bewertung der verbrauchten Rohstoffe — ob zu Einkaufs-, Mittel- oder Wiederbeschaffungspreisen — könnten Meinungsverschiedenheiten entstehen und es wird diesbezüglich auf den „Grundplan" verwiesen, woselbst zwei Arten der Verrechnung angegeben sind, über welche die Abb. 8 keine Angaben enthält, weil die Art der Bewertung an den grundsätzlichen Zusammenhängen zwischen den drei Grundplänen nichts ändert.

Die Überführung des Artenverbrauches an Unkosten in die einzelnen Stellen bietet keine Schwierigkeiten, indem in der Regel die Zuteilung eindeutig bestimmt ist.

Dagegen erfordert der Artenverbrauch an Abschreibungen und Passivzinsen die genaue Kenntnis derjenigen greifbaren Werte — Bilanzaktiven —, die zu den einzelnen Stellen gehören, denn nur dann ist man imstande, die Beträge der Abschreibungen und Passivzinsen mit der gewünschten Genauigkeit zu bestimmen. Die richtige Zuteilung der Bilanzwerte zu den einzelnen Stellen ist eine schwer zu lösende Aufgabe, bei deren praktischen Durchführung alle Schwächen der nicht durch besondere Aufzeichnungen in Nebenbüchern unterstützten „generellen" Abschreibungspolitik der kaufmännischen Buchhaltung an den Tag zu kommen pflegen. Die Organisation auf der Basis der drei Grundpläne erfordert gebieterisch eine tadellose Einordnung der Bilanzwerte in die Stellen, sie zwingt alle die Organisation einführenden Unternehmungen, diese äußerst wichtige Frage einer einwandfreien Lösung entgegenzuführen. Es dürfte sich dabei zeigen, daß bei der Mehrzahl der diesbezüglichen Unternehmungen keine Aufgabe schwerer zu lösen ist als diese.

Abb. 11. Systematischer Stellenplan nach Vorschlag des Verfassers.

Die ⌐letzten Kostenstellen⌐ sind eingerahmt.

1. Vorbereitung *Vb*		2. Ausführung *A*		
1ª. Material *Vb M*		**Fertigungsbetriebe**		
Einkauf und Lager-Verwaltung *Vb ME*	Lager *Vb ML*	Werk I *W I*	Werk II *W II*	Werk III *W III*
1. Einkaufsbüro 2. Lagerverwaltg. **1ª. Letzte Kostenstellen des Mat.wesens *Vb M* 1—8**	1. Eisen - Lager 2. Kupfer- „ 3. Draht- „ 4. Isol.mat.- „ 5. Holz- „ 6. Kohlen- „ 7. Betr.mat.- „ 8. Büromat.- „	1. Werkführerbüro 2. Zwischenlager 3. Handlangerei 4. Anreißerei 5. Dreherei 6. Revolverdreh. 7. Bohrwerke 8. Bohrerei 9. Hobelei 10. Fräserei 11. Schleiferei 12. Schlosserei 13. Blechstanzerei 14. Blechbekleberei 15. Blechzusammen-setzerei 16. Wickelei 17. Galvan. Werkst. 18. Montage 19. Malerei	1. Werkführerbüro 2. Zwischenlager 3. Handlangerei 4. Anreißerei 5. 6. 7. 8. 9. 10. 11. 12. 13. Schmiede 14. Montage 15. Malerei	1. Werkführerbüro 2. Zwischenlager 3. Handlangerei 4. Anreißerei 5. 6. 7. 8. 9. 10. 11. 12. 13. Autog.-Schw. 14. Montage 15. Malerei

2. Letzte Kostenstellen d. Ausf. der Erz.gruppen 1—3 u. d. Neueinricht.

AW I 4—19   *AW II* 4—15   *AW III* 4—15

1ᵇ¹. Konstruktion *Vb K*

Allg. Abteilungen *Vb KA*	Erz.gruppen-Abteil. *Vb KEg*
1. Techn. Direktion 2. Patentbüro 3. Teillager 4. Modellager 5. Modelltischlerei 5. Auftragbüro	1. Konstr.büro 1 2. „ 2 3. „ 3 4. Prüfstand 1 5. „ 2 6. „ 3

Vorletzte Kostenstellen der Erz.gruppen 1—3 und der Neueinricht.

Vb KE 1 | *Vb KE 2* | *Vb KE 3*

1ᵇ². Betrieb *Vb B*

Allg. Abteilungen *Vb BA*	Erz.gruppen-Abteil. *Vb BEg*
1. Betriebs-Direkt. 2. Arbeit.-Annahme 3. Lohnbüro 4. *Wₛ*-macherei	1. Betr.-Vorrechn. 1 2. „ 2 3. „ 3 4. Arbeitsbüro 1 5. „ 2 6. „ 3

Vorletzte Kostenstellen der Erz.gruppen 1—3 und der Neueinricht.

Vb BE 1 | *Vb BE 2* | *Vb BE 3*

1ᵇ. Letzte Kostenstellen *Vb K* + *Vb B* d. Erz.gruppen 1—3 u. d. Neueinricht.

Vb E 1 | *Vb E 2* | *Vb E 3*

Gemeinsame Stellen *G* deren Kosten restlos auf die 4 Stufen *Vb, A, Vt* und *Vr* zu verteilen sind

1. Kraft und Licht 2. Heizung 3. Repar.-Werkstatt 4. Bahnanschluß 5. Autobetrieb 6. Mat.prüfanstalt	7. Wohlfahrtshaus 8. Hausverwaltung 9. Hof 10. Feuerwehr 11. Photographie 12. Heliographie

3. Vertrieb *Vt*

Allg. Abteilungen *Vt A*	Vertriebsbüros *Vt B*
1. Vertriebs-Drektion 2. Angebot-Vorrechnung 3. Versand 4. Kistenmacherei 5. Druckschr.-Verwaltung 6. Verkaufslager 7. Konsignationslager 8. Werbebüro 9. Vertreter 10. Zweigniederlassung Inland 11. „ Ausland	1. Vertriebsbüro 1 2. „ 2 3. „ 3

3. Letzte Kostenstellen Vertriebskosten der Erzeugnisgruppen 1—3

Vt E 1 | *Vt E 2* | *Vt E 3*

4. Verrechnung *Vr*

Allg. Abteilungen *Vr A*	Nachrechnung *Vr N*
1. Kaufmännische Direktion 2. Sekret. u. Korrespondenz 3. Personalabteilung 4. Hauptbuchhaltung 5. Unkosten-Buchhaltung 6. Aktenverwaltung 7. Kassa 8. Fakturierung	1. Nachrechnung 1 2. „ 2 3. „ 3

4. Letzte Kostenstellen Verrechnungskosten d. Erz.gruppen 1—3 u. d. Neueinricht.

Vr E 1 | *Vr E 2* | *Vr E 3*

Abb. 12. **Erzeugnis- und Verfahrenplan**
nach Vorschlag des Verfassers.

Erzeugnisse der Erzeugnisgruppen 1—3	Erzeugnisse für Neueinrichtungen
1. Vorbereitung	1. Vorbereitung
Gemeinkosten . . { Material-Zuschläge / Erzeugnisgruppen-Zuschläge	Gemeinkosten . . { Material-Zuschläge / Erzeugnisgruppen-Zuschläge
2. Ausführung	2. Ausführung
Einzelkosten . . . { Material-Verbrauch / Lohn-Verbrauch / Sonderkosten-Verbrauch	Einzelkosten . . . { Material-Verbrauch / Lohn-Verbrauch / Sonderkosten-Verbrauch
Gemeinkosten . . . Fertigungs-Zuschläge	Gemeinkosten . . . Fertigungs-Zuschläge
3. Vertrieb	— (keine)
Gemeinkosten . . . Vertriebs-Zuschläge	
4. Verrechnung	4. Verrechnung
Gemeinkosten . . . Verrechnungs-Zuschläge	Gemeinkosten . . . Verrechnungs-Zuschläge
Summe = Selbstkosten	Summe = Selbstkosten

Abb. 13. **Zusammenhang zwischen den 3 Grundplänen Artenplan, Stellenplan
und Erzeugnis- und Verfahrenplan.**

Steh. Elemente	Fließende Elemente			Stehende Elemente
Anfang des Rechnungsabschnittes.	**Die Einzelkosten sind**			Schluß des Rechnungsabschnittes.
	nach Arten: Mat.-Verbrauch Lohn- „ Sonderk.- „	nach Stellen: die dort unmittelbar entstehenden: Unkosten Abschreibungen Passivzinsen	nach Erz. u. Verf.: Mat.-Verbrauch Lohn- „ Sonderk.- „	
Bilanz-Aktiven: Anlagenwerte, Guthabenwerte, Vorratswerte,	**Die Gemeinkosten sind**			Bilanz-Aktiven: Anlagenwerte, Guthabenwerte, Vorratswerte,
	nach Arten: Unkosten Abschreibungen Passivzinsen	nach Stellen: die nach Aufteilung anderer Kostenstellen zu den Einzelkosten der Stellen hinzukommenden Gemeinkosten	nach Erz. u. Verf.: Zuschläge auf: Vorbereitung Ausführung Vertrieb Verrechnung	
abnehmend durch Aufwendungen für:	**Die Einzelkosten + Gemeinkosten = Aufwendungen sind**			zunehmend durch Einnahmen aus:
	nach Arten: Mat.-Verbrauch Lohn- „ Sonderk.- „ Unkosten Abschreibungen Passivzinsen	nach Stellen: ⟶ Stellen-Einzelkosten + Stellen-Gemeink. = Gemeinkosten der letzten Kostenstellen	nach Erz. u. Verf.: Mat.-Verbrauch Lohn- „ Sonderk.- „ Zuschl. Vorbereit⁴ „ Ausführung „ Vertrieb „ Verrechnung	Erlös-K° Neueinricht. „ Erzeugnisse „ Inv.-Vermehr⁴
Alle Aufwendungen =	Arten-Verbrauch	ist gleich den	Selbstkosten	Erlös

Die Einzelkosten gehen aus der Artendimension unmittelbar in die Erzeugnisdimension
Die Gemeinkosten gehen aus der Artendimension mittelbar, über die Stellendimension, in die Erz.dimension

Erlös = Artenverbrauch + Gewinn = Selbstkosten + Gewinn

Bemerkung. Bezüglich der Verwendung der Ausdrücke „Unkosten" und „Gemeinkosten"
wird auf den Schluß des 3. Abschnittes verwiesen.

Sodann ist aus dem „Grundplan" bekannt, daß die aus der Verteilung der Bilanz-
aktiven sich ergebenden Stellenwerte nicht genügen, um die „objektiven" Zuschläge
zu ermitteln. Diese müssen, abgesehen vom Unternehmerlohn des mitarbeitenden Unter-
nehmers in Privatbetrieben, die Verzinsung des im Betriebe — also in den einzelnen
S t e l l e n — arbeitenden Kapitals und die der w i r k l i c h e n Entwertung — somit derjenigen der den S t e l l e n zugeteilten Anlagen-, Guthaben- und Vorratswerte — entsprechenden Abschreibungen enthalten. Eine entsprechende zusätzliche Arbeit ist für
diese Feststellungen erforderlich.

Die Bestimmung der im Erzeugnis -und Verfahrenplan anzuwendenden Zuschlags-
koeffizienten — Zeit- oder Lohnzuschläge — ist mit Hilfe von Rechenmaschinen in wenigen
Stunden durchführbar, sobald die Aufwendungen nach Stellen einmal richtig festgelegt sind.

Die graphische Darstellung der Selbstkostenermittlung, wie diese aus den bisher
entwickelten Grundsätzen sich ergibt, zeigt die Abb. 14. Genau so, wie die Abb. 13 den
in Abb. 4 dargestellten Fluß der Werte vor Augen führt, entspricht die Abb. 14 der Abb. 6,
jedoch beschränkt auf die der Fertigung zugehörigen Werte und unter Ausschaltung
der Werte der Nichtfabrikation.

Wir sehen, daß zu Beginn eines Rechnungsabschnittes von den Ausgangswerten
der Bilanz über den Artenverbrauch an direkten Aufwendungen, die Materialien, Löhne
und Sonderkosten unmittelbar in die in die in den Lauf der Fertigung zurückversetzten Erzeugnisse übergehen, während die Unkosten, Abschreibungen und Passivzinsen erst nach
ihrer Verarbeitung in den Stellen, den Erzeugnissen und Neueinrichtungen in Form von
Zuschlägen zugeführt werden, und daß am Schlusse des Rechnungsabschnittes die Neueinrichtungen in die Anlagenwerte, die Erzeugnisse dagegen einmal als Guthabenwerte —
Forderungen an Kunden —, das andere Mal als Erzeugnisse — Inventar-Vermehrung —
in die betreffenden Bilanzwerte zurückfließen. Wenn Anfang und Schluß des Rechnungsabschnittes mit jenen der Buchhaltung übereinstimmen, so muß die Summe aller
Teilergebnisse der Selbstkostenberechnung mit dem durch die Buchhaltung ausgewiesenen Gesamtergebnis, nach Abzug der Überschüsse aus der Nichtfabrikation und unter
Berücksichtigung der aus den Verrechnungskonten Abb. 9 unten sich ergebenden Differenzen zwischen den wirklichen und den S-Konten, theoretisch genau übereinstimmen,
ob auch praktisch, wird der 17. Abschnitt zeigen.

Grundsätzlich muß noch auf die Nichtübereinstimmung der Vorzeichen der Arten-
verbrauchskonten in Abb. 6 und 14 aufmerksam gemacht werden. Im 9. Abschnitt
ist schon hervorgehoben worden, daß die Unterkonten der Gewinn- und Verlust-Rechnung
der Kürze halber nicht, wie es sein sollte, als Kapitalkonten besonders bezeichnet werden.
In Abb. 14 treten die Konten des Verbrauches nicht als Kapitalkonten, sondern als aktive
Bestandskonten in die Erscheinung, mit dem Pluszeichen links und dem Minuszeichen
rechts. Die Übergänge aus den Bilanzwerten W erfolgen auf der gleichen Seite der Bilanzgleichung, daher mit verschiedenen Vorzeichen.

Die Umschaltung der Kosten der „Gemeinsamen Stellen" G. 1 bis 12 links unten auf
a l l e Kostenstellen, welche dieselben in Anspruch nehmen, ist besonders klar ersichtlich,
ebenso die gleichzeitige Umschaltung der Unkosten, Abschreibungen und Passivzinsen
auf a l l e allgemeinen und besonderen Abteilungen, aus denen sie schließlich in die letzten
Kostenstellen und aus diesen unmittelbar in die Erzeugnisse gelangen.

Der Vollständigkeit halber geben wir noch in Abb. 15 eine der Abb. 14 ähnliche,
jedoch in den Einzelheiten einfacher gehaltene:

Graphische Darstellung der Selbstkostenermittlung laut Grundplan, in welcher die
Umschaltung der „Gemeinschaftlichen Abteilungen" auf die Hauptkostenstellen des
Materialwesens, der Fertigung und des Vertriebes nicht in Einzelheiten, sondern als Ganzes
vorgenommen ist.

16. Das Nachrechnungsschema.

Die vom Verfasser vorgeschlagene Änderung im grundsätzlichen Gang der Selbstkostenermittlung hat eine etwas andere Einteilung des Nachrechnungsschemas zur Folge, Abb. 16, in welcher die Nachrechnung laut Grundplan und nach Vorschlag des Verfassers an Hand eines Zahlenbeispieles enthalten ist. Zunächst muß darauf hingewiesen werden, daß die andersgeartete Gruppierung der Gemeinkosten nach den Stufen der Vorbereitung, der Ausführung, des Vertriebes und der Verrechnung andere Einzelzahlenwerte ergeben muß als die frühere Einteilung nach Materialwesen, Fertigung und Vertrieb, während die Gesamtsummen selbstredend genau übereinstimmen müssen. In Abb. 4 der systematischen Gewinn- und Verlust-Rechnung ist die Gegenüberstellung unter der Gruppe der Vorratswerte III. ② bei den Unkosten gezeigt.

In der vorliegenden und in den nachfolgenden Abbildungen sind die Zuschläge stets auf die Lohnsummen bezogen, weil diese Rechnungsart eher geeignet ist, unmittelbare Vergleiche mit den buchhalterischen Zahlen zu gestatten als die andere mit Lohnstundenzuschlägen, die selbstredend ebenso richtig und genau ist wie die erste, jedoch entsprechende Umrechnungen erfordert.

Laut Grundplan werden die Vertriebskosten den Erzeugnissen in Form von Zuschlägen auf die Herstellungskosten belastet. Die Frage, ob die Zuschläge des Vertriebes und der Verrechnung — wie diejenigen der Vorbereitung-Erzeugnisse und der Ausführung — nicht besser auf die Fertigungslohnsummen bzw. Fertigungslohnstunden zu beziehen seien, bedarf noch der genauen Untersuchung. Jeder, der sich mit dem Rechnungswesen von Maschinenfabriken beschäftigt, kennt die Vor- und Nachteile der beiden Rechnungsarten und es hat keinen Zweck, an dieser Stelle des Nähern auf die Sache einzugehen. Die Entscheidung liegt letzten Endes bei den Fachverbänden und Fachausschüssen.

17. Die Deckung der buchhalterischen Unkosten durch die Zuschläge der Nachrechnung.

Die Verrechnung der Zuschläge. Gemäß den im Grundplan aufgestellten Grundsätzen muß auf irgendeine Weise dafür gesorgt werden, daß die Übereinstimmung zwischen der Nachrechnung und der Buchhaltung hergestellt werde, und es wird das in Abb. 8 unter IV. 2. b) einzuschlagende Verfahren empfohlen. Die restlose Verteilung der in dem Zeitabschnitt ihres Entstehens auftretenden Gemeinkosten auf die einzelnen Aufträge dürfte den VDMA dazu veranlaßt haben, in seiner Druckschrift „Selbstkosten-Nachrechnung und Buchhaltung in Maschinenfabriken" zwei andere Arten der Verteilung in Vorschlag zu bringen, auf deren praktische Bedeutung näher einzugehen hier nicht die Stelle ist. Wir möchten, gestützt auf die in der systematischen Gewinn- und Verlust-Rechnung Abb. 4 enthaltenen Zahlenwerte im Nachfolgenden zeigen, wie dennoch die Abstimmung zwischen Buchhaltung und Nachrechnung nach dem in Abb. 8 unter IV. 2. a) angegebenen Verfahren, mit einem Mindestmaß von Zeit und Kostenaufwand praktisch bewerkstelligt werden kann.

Die Abstimmung zwischen Buchhaltung und Nachrechnung. Der im Grundplan Abb. 8 unter IV. 2. a) enthaltene Satz „Da es sehr mühsam und zu kostspielig sein würde, die Nachrechnung mit den berichtigten Zuschlägen zu wiederholen..." läßt darauf schließen, daß die Nachrechnung der in die Hunderte gehenden Auftragsbogen mit den nicht richtiggestellten, d. h. mit den „normalen" Zuschlägen schon stattgefunden hat. Unsere Lösung der Aufgabe besteht darin, diese Nachrechnung aller Auftragsbogen nicht vorzunehmen, bevor die Frage beantwortet worden ist: „welche Beträge an normalen Zuschlägen werden in die Erzeugnisse übergeführt, wenn einmal, später, zu jeder beliebigen Zeit, die Nachrechnungsarbeiten beendet sein werden?"

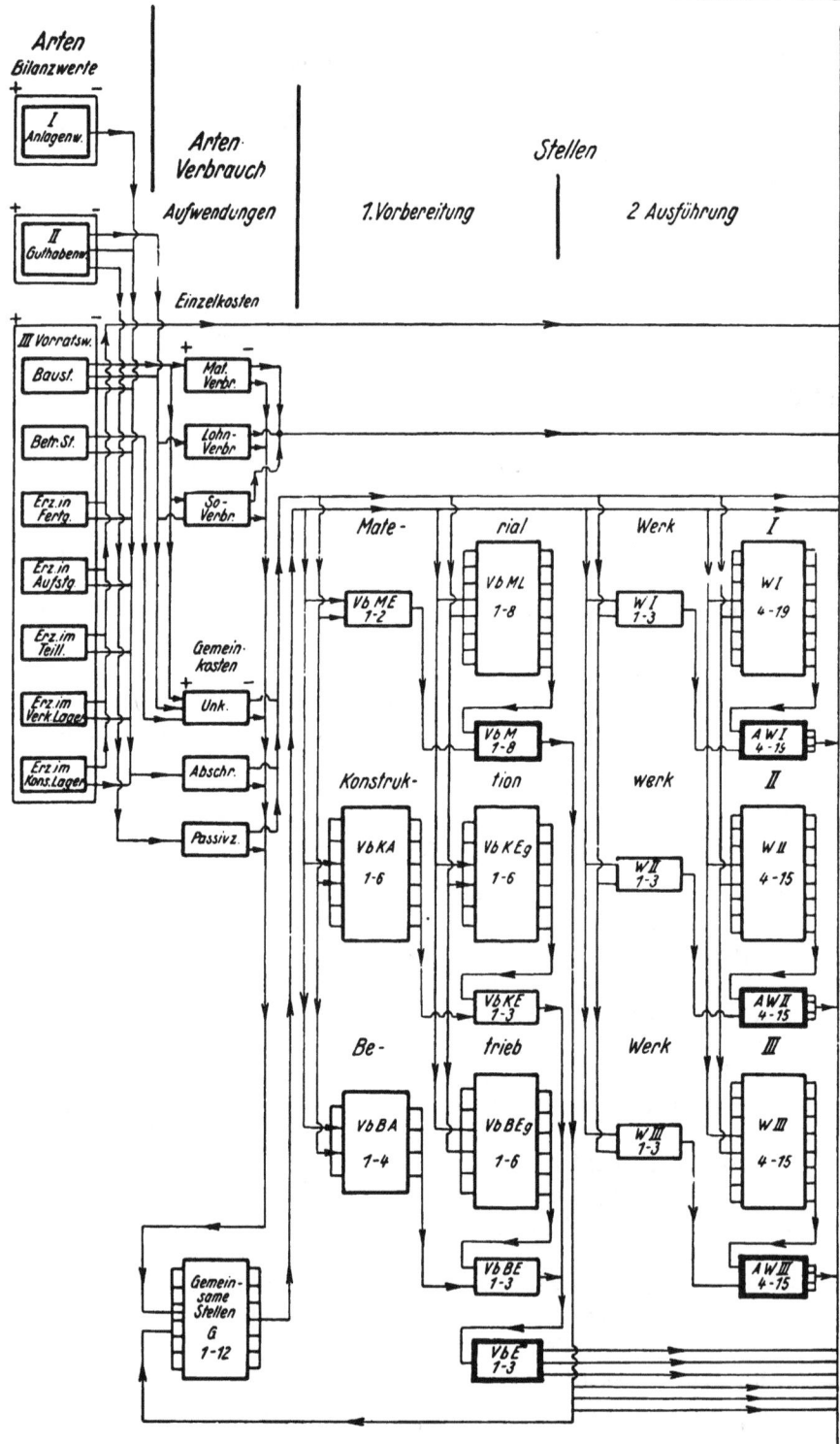

Abb. 14. Graphische Darstellung
bzw. der Betriebsrechnung

Die letzten Kostenstellen

der Selbstkostenermittlung
nach Vorschlag des Verfassers.

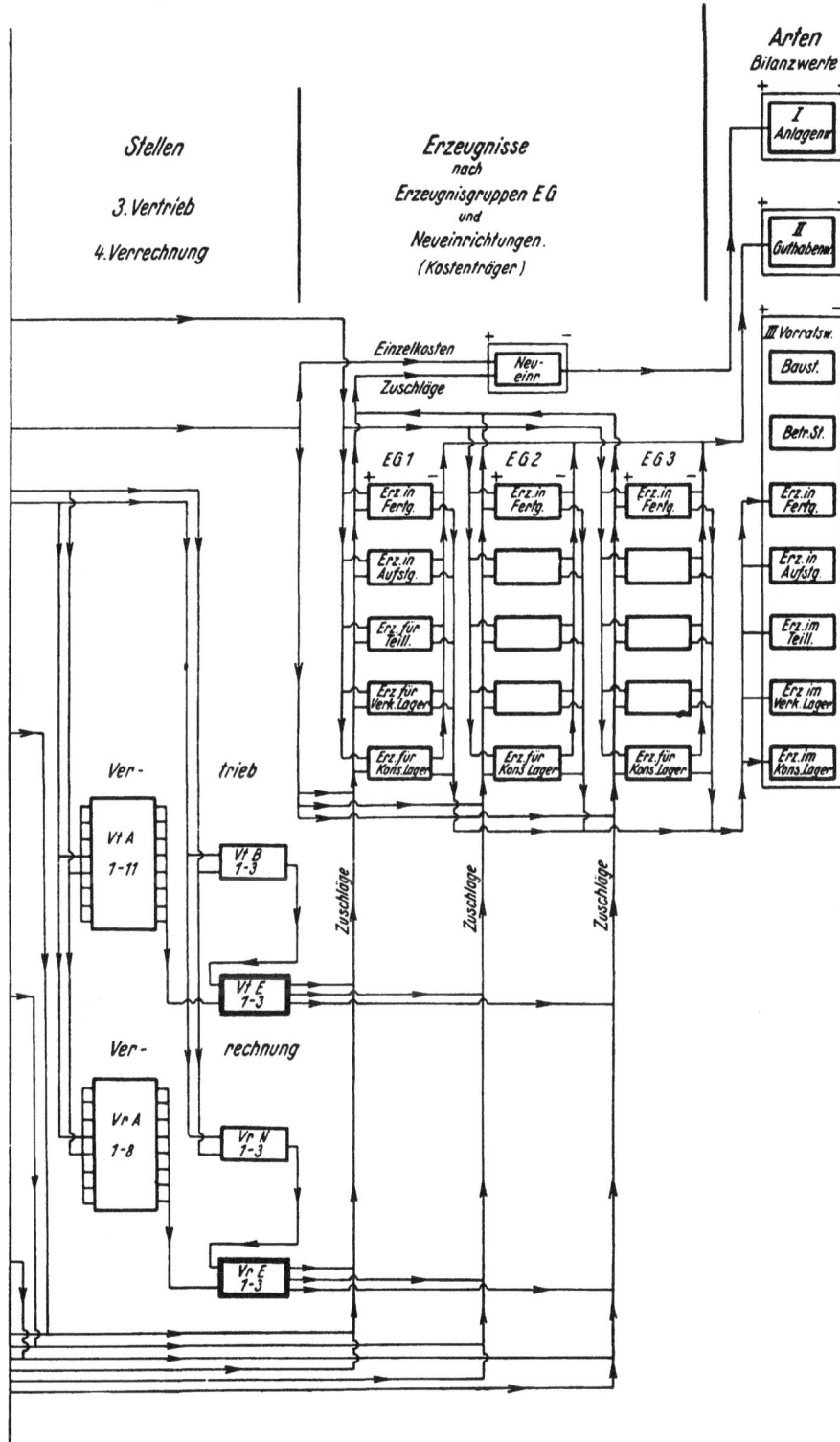

Arten
Bilanzwerte

+   −

I Anlagenr.

+   −

II Guthabenw.

III Vorratsw.

Baust.

Betr.St.

Erz.in Fertg.

Erz.in Aufstg.

Erz.im Teill.

Erz im Verk.Lager

Erz.im Kons.Lager

Stellen

3. Vertrieb

4. Verrechnung

Erzeugnisse
nach
Erzeugnisgruppen E G
und
Neueinrichtungen.
(Kostenträger)

Einzelkosten

+   Neu-einr   −

Zuschläge

EG 1

Erz.in Fertg.

Erz.in Aufstg.

Erz.für Teill.

Erz.für Verk.Lager

Erz.für Kons.Lager

E G 2

Erz.in Fertg.

Erz.für Kons.Lager

E G 3

Erz.in Fertg.

Erz.für Kons.Lager

Ver-   trieb

Vt A
1-11

Vt B
1-3

Zuschläge   Zuschläge   Zuschläge

Vt E
1-3

Ver-   rechnung

Vr A
1-8

Vr N
1-3

Vr E
1-3

sind stark eingerahmt.

Abb. 15. Graphische Darstellung
bzw. der Betriebsrechnung

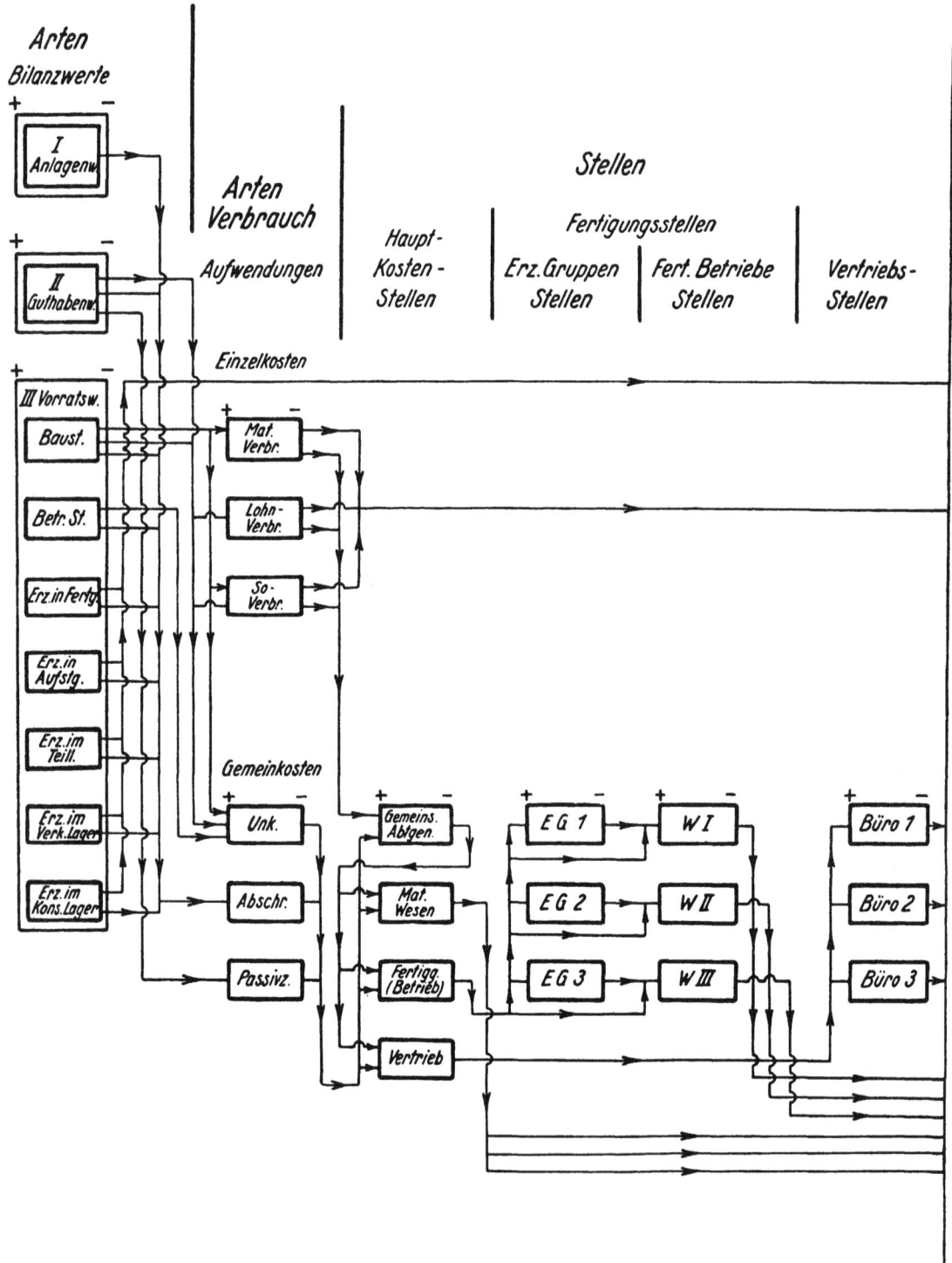

der Selbstkostenermittlung
laut Grundplan.

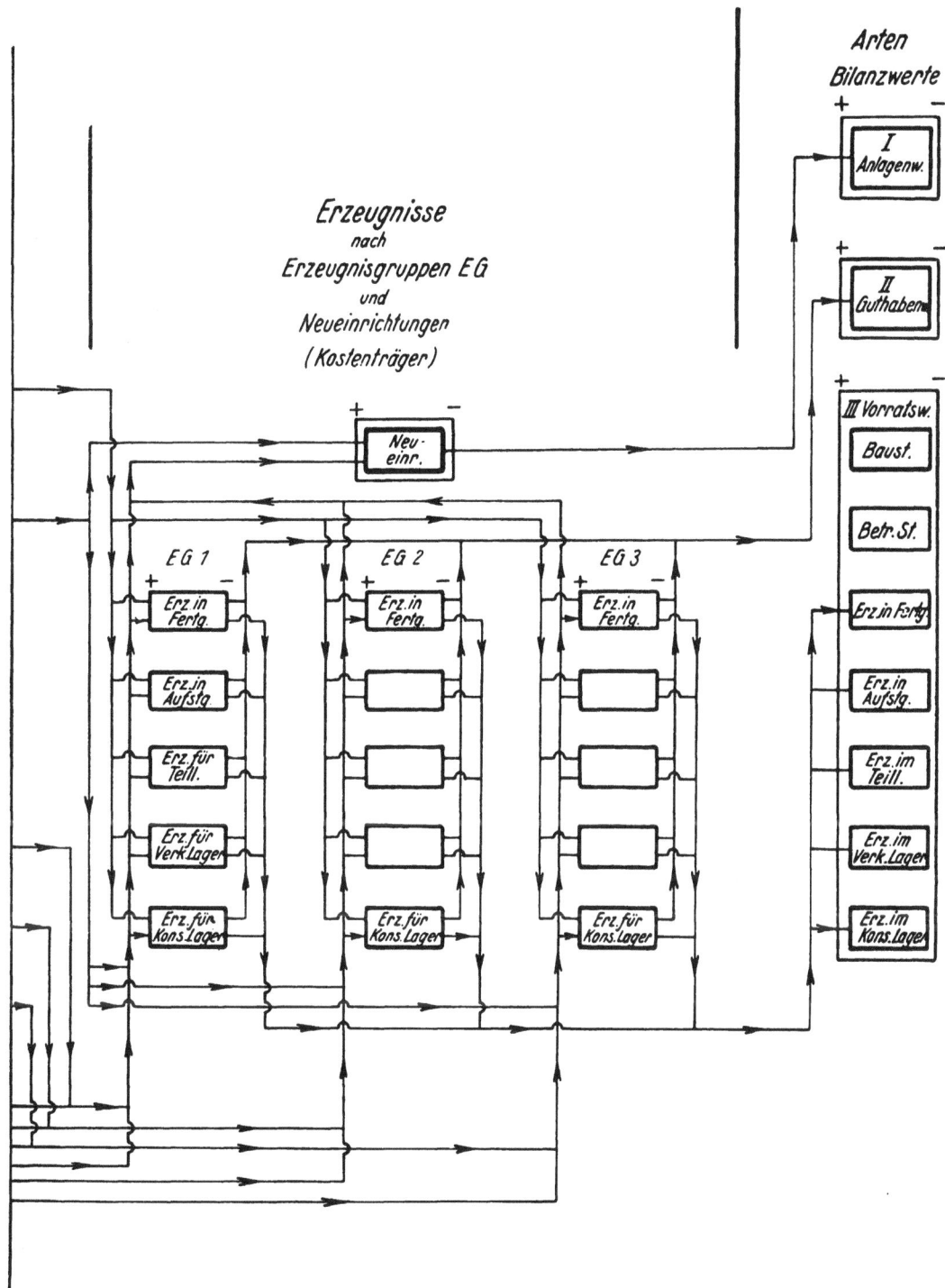

Arten
Bilanzwerte

Erzeugnisse
nach
Erzeugnisgruppen EG
und
Neueinrichtungen
(Kostenträger)

+   −
I
Anlagenw.

+   −
II
Guthaben

+   −
III Vorratsw.

Baust.

Betr.St.

Neu-
einr.

EG 1   EG 2   EG 3

Erz.in
Fertg.   Erz.in
            Fertg.   Erz.in
                        Fertg.   Erz.in Fertg.

Erz.in
Aufstg.   Erz.in
                                    Aufstg.

Erz.für
Teill.   Erz.im
                                    Teill.

Erz.für
Verk.Lager   Erz.im
                                    Verk.Lager

Erz.für
Kons.Lager Erz.für
            Kons.Lager Erz.für
                        Kons.Lager Erz.im
                                    Kons.Lager

Zu dem Zwecke werden die vielen einzelnen Auftragsnummern für jede der drei Erzeugnisgruppen einschließlich Neueinrichtungen zu je einer idealen Sammelnummer zusammengefaßt und es wird die Aufgabe darauf beschränkt, die gesamten normalen Zuschläge auf die drei Sammelnummern zu berechnen. Dazu ist erforderlich, daß für jede Erzeugnisgruppe die Gesamtheit der in den letzten Kostenstellen der Vorbereitung und der Ausführung mit Zuschlägen zu versehenden Einzelmaterial- und Einzellohnbeträge in Tabellenform übersichtlich zusammengestellt werde. Diese von der Lagerverwaltung für die Materialien und vom Lohnbüro für die Löhne zu machende Arbeit wird wesentlich dadurch erleichtert, daß wie schon im Grundplan empfohlen, die betreffenden Aufträge durch verschiedene Arten bzw. Reihen von Auftragsnummern bezeichnet werden.

Die Abb. 17 erläutert für den Zeitabschnitt vom 1. bis 28. Juli die Arbeit, die für das Werk I bzw. die dortselbst hergestellten Erzeugnisse und die Neueinrichtungen der Erzeugnisgruppe 1 mit Bezug auf die Löhne zu leisten ist. Sämtliche Einzellöhne der letzten Kostenstellen W. I. 4 bis 19, Spalte 4, werden mit ihren von der Geschäftsleitung festgesetzten normalen Zuschlagssätzen multipliziert und es ergeben sich in Spalten 11 und 12 die Beträge der Zuschläge für die Vorbereitung-Erzeugnisse und für die Ausführung, die später, nachdem die Verteilung auf die einzelnen Auftragsbogen beendet sein wird, unfehlbar in diesen letzteren sich vorfinden müssen.

Die Zusammenfassung in Spalten 9 und 10 unten ergibt einen mittlern Zuschlagssatz von 50% für die Vorbereitung-Erzeugnisse Vb. E. 1 und von 100% für die Ausführung A. W. I, m. a. W.: nebst den zuschlagspflichtigen Einzellöhnen Fr. 61 600.— werden sich später — zu jeder beliebigen Zeit — in den abgerechneten Auftragsnummern der Erzeugnisgruppe 1 Fr. 30 800.— und Fr. 61 600.— als Zuschläge unfehlbar vorfinden.

Nun folgt die weitere Verarbeitung zur Errechnung der normalen Zuschläge für die Stufen des Vertriebes und der Verrechnung der Erzeugnisgruppe 1 auf Grund der Einzellöhne und hier zeigt sich, wie sogleich ersichtlich sein wird, der große Vorteil der einheitlichen Zuschlagsberechnung auf der Basis der Lohnsummen (bzw. der Lohnstunden), ein Vorteil, der vielleicht ausschlaggebend sein wird für die Forderung, daß die Zuschläge für die Stufen des Vertriebes und der Verrechnung nicht nur auf die Herstellungskosten, sondern stets auch auf die Einzellöhne zu beziehen seien. Beim Vorhandensein eines gewissen Beharrungszustandes, d. h. unter der Annahme, daß alles, was in der Fertigung begriffen, auch verkauft ist — Einzelherstellung — oder doch verkauft werden wird — Lagerherstellung — dürfte das Ergebnis richtig sein, bei stark wechselnder Beschäftigung bzw. Verkaufsmöglichkeit müßte eine Korrektur mit Hilfe von Verhältniszahlen vorgenommen werden.

Ähnliche Zusammenstellungen sind für die Fertigungsbetriebe der Werke II und III bzw. für die Erzeugnisgruppen 2 und 3 anzufertigen. Sie können schon am 29. Juli erledigt werden. Die Tabellen Abb. 17 und die entsprechenden Materialmeldungen werden in der, der Hauptbuchhaltung zugeordneten Unkosten-Buchhaltung zusammengestellt und nach Ergänzung durch die tatsächlich aufgetretenen, von der Hauptbuchhaltung gefaßten Unkosten des Zeitabschnittes, zu einer:

Meldung der Hauptbuchhaltung an die Direktion, Abb. 18, verwendet.

Wenn man nicht zu dem Mittel des in Amerika vielerorts angewandten Systems der vierwöchentlichen Abschlüsse greifen will, muß mit dem Abschluß der Buchhaltung bis zum Monatsende gewartet werden. Unter allen Umständen wird die Hauptbuchhaltung am 1. August im Falle sein, der Direktion die Meldung nach Abb. 18 zu erstatten. So erhält die Direktion innerhalb 24 Stunden nach dem Abschluß des Rechnungsabschnittes in handlichem Format eine genaue Übersicht über die Überdeckungen und Unterdeckungen der objektiven Gemeinkosten durch die von der Nachrechnung später zu verrechnenden Zuschläge, getrennt nach Erzeugnisgruppen einschließlich Neueinrichtungen und insgesamt. Es mag dahingestellt sein, ob die Verrechnung von $^{28}/_{31}$ tel für die 28 Tage des Rechnungsabschnittes das Richtige trifft, es gibt noch andere Methoden des Vergleiches.

Es dürfte kaum möglich sein, eine derart wertvolle Zusammenstellung in so kurzer Zeit und mit so geringem Kostenaufwand auf andere als die geschilderte Weise zu erhalten.

Die Abb. 18 zeigt, daß insgesamt nur eine Differenz von Fr. 810.— zwischen den beiden Rechnungen sich ergeben hat. Die Aufteilung nach Erzeugnisgruppen läßt aber erkennen, daß die Erzeugnisgruppen 2 und 3 gut abgeschnitten haben, die Gruppe 1 dagegen schlecht, denn die Unterdeckung beträgt nicht weniger als Fr. 11040.— gegenüber den gedeckten Zuschlägen Fr. 155960.—.

Es tritt nun an die Direktion die wichtige Frage heran, ob die Zuschlagssätze der Erzeugnisgruppe 1 hinauf- und diejenigen der Gruppen 2 und 3 herabzusetzen seien, was durch Festsetzung der neuen Sätze in absoluten Zahlen oder mit Hilfe von Verhältniszahlen zu den normalen Sätzen vorgenommen werden kann. Laut Grundplan müßte dies geschehen, denn die Ergebnisse der Buchhaltung müssen mit jenen der Nachrechnung übereinstimmen. Wir glauben aber, der verantwortliche Fabrikdirektor wird die Nachrechnung Nachrechnung sein lassen und den Befehl erteilen, die normalen Zuschlagssätze auch für den laufenden Rechnungsabschnitt zu verwenden, er wird aber sicher seine ganze Arbeitskraft darauf verwenden, sofort nach den Ursachen der ihm bekanntgegebenen Differenzen zu forschen. Das ist nun eigentlich der Hauptzweck der Aufstellung Abb. 18.

Fragen aller Art drängen sich beim Studium der Tabelle auf und fordern gebieterisch eine Beantwortung. Bei der Erzeugnisgruppe 1 zeigt sich bei der Vorbereitung-Material eine Überdeckung von 9,3 %, bei der Vorbereitung-Erzeugnisse eine Unterdeckung von nicht weniger als 20,1 %, beim Vertrieb eine solche von 12,4 % und bei der Verrechnung eine Überdeckung von 10,7 %. Bei den Erzeugnisgruppen 2 und 3 zeigen sich ganz andere Zahlenwerte. Auf welche Ursachen sind diese Unterschiede zurückzuführen?

Es ist auffallend, daß bei der Verfahrenstufe der Vorbereitung-Erzeugnisse sich so große Verschiedenheiten ergeben. Woher rühren sie?

Entspricht das Verhältnis zwischen dem Verbrauch an Material und an Lohn dem bisherigen? Wenn nicht, warum?

Hat der Beschäftigungsgrad in den verschiedenen Werken auf die Ergebnisse der Rechnung einen bestimmenden Einfluß ausgeübt? In welchem Maße?

Welche Preispolitik muß mit Rücksicht auf die Ergebnisse des Juli für den kommenden Monat August befolgt werden? u. v. a. m.

Die Geschäftsleitung hat wichtigere Aufgaben zu lösen als die unnötige und kostspielige Aufgabe der Ermittlung der absolut richtigen Selbstkosten. Gewiß kann gegen die Wahl des Kostenbegriffes als Maßstab der Wirtschaftlichkeit einer Organisation nichts eingewendet werden, nur wähle man nicht die veränderlichen Selbstkosten, sondern die auf sicherer Grundlage aufgebauten wirklichen Zahlen der Buchhaltung. Es ist das eine Aufgabe der Fachverbände und namentlich der Fachausschüsse, aus den Zahlen der Buchhaltung unter Berücksichtigung aller Faktoren, wie sie etwa in den vom Fachausschuß für Rechnungswesen beim AwV festgesetzten „Grundsätzen für die Durchführung der Normalisierung kaufmännischer Buchhaltungen" aufgestellt worden sind, einen Maßstab zu konstruieren, der sich besser eignet, als der Selbstkostenmaßstab.

Dann wird auch die Frage zu prüfen sein, ob im Grundplan — und auch in den Druckschriften des VDMA — der Nachrechnung nicht eine viel zu große Bedeutung beigemessen worden ist, eine Bedeutung, die nach den seit dem Kriegsende gemachten

52

Abb. 16. **Nachrechnungsschema.**

laut Grundplan			nach Vorschlag des Verfassers		
Erz.gr. Kundenauftrag Nr.			Erz.gr. Kundenauftrag Nr.		
	Einzel-Kosten Fr.	Ge-mein-Kosten Fr.		Einzel-Kosten Fr.	Ge-mein-Kosten Fr.
① Normale Selbstkosten ab Werk			① Normale Selbstkosten ab Werk		
1. Mat.-Kosten {Einzelmaterial	2000	—	Einzelmaterial	2000	—
{Zuschläge auf Mat.	—	200	Einzellöhne	1000	—
2. Fert.-Kosten {Einzellöhne	1000	—	1. Vorbereitung {1ᵃ. Mat.-Zuschläge	—	150
{Zuschlag d. Fertigung	—	1300	{1ᵇ. Erz.gr.- „	—	500
			2. Ausführung 2. Fertig.- „	—	1000
Summen	3000	1500	Summen	3000	1650
Herstellungskosten	4500		Herstellungskosten	4650	
3. Vertr.-Kosten {Einzelkosten	100	—	3. Vertrieb { Einzelkosten	100	—
{Zuschl. a. Herst.-Kost.	—	1000	{3. Vertriebs-Zuschl.	—	650
			4. Verrechnung 4. Verrechn.- „	—	200
Alle {Einzelkosten	3100	—	Alle {Einzelkosten	3100	—
{Zuschläge	—	2500	{Zuschläge	—	2500
Summen	3100	2500	Summen	3100	2500
Normale Selbstk. ab Werk	5600		Normale Selbstk. ab Werk	5600	
② Sonderkosten			② Sonderkosten		
1. Mat.-Kosten {Einzelmaterial	40	—	Einzelmaterial	40	—
{Zuschl. auf Material.	—	5	Einzellöhne	20	—
{ „ „ Erz.gr.	—	5	1. Vorbereitung {1ᵃ. Mat.-Zuschläge	—	3
2. Fert.-Kosten {Einzellöhne	20	—	{1ᵇ. Erz.gr. „	—	15
{Zuschl. d. Fertig.	—	25	2. Ausführung 2. Fertig.- „	—	22
{ „ „ Erz.grupp.	—	5			
Summen	60	40	Summen	60	40
Herstellungskosten	100		Herstellungskosten	100	
3. Vertr.-Kosten {Einzelkosten	0	—	3. Vertrieb { Einzelkosten	0	—
{Zuschl. a. Herst.-Kost.	—	0	{3. Vertriebs-Zuschl.	—	0
{ „ f. Erz.gruppen	—	0	4. Verrechnung 4. Verrechn.- „	—	0
Alle {Einzelkosten	0	—	Alle {Einzelkosten	0	—
{Zuschläge	—	0	{Zuschläge	—	0
Summen	0	0	Summen	0	0
Alle Sonderkosten	100		Alle Sonderkosten	100	
③ Unvorhergesehene Kosten			③ Unvorhergesehene Kosten		
1. Materialwesen	0	0	1. Vorbereitung	0	0
2. Fertigung	0	0	2. Ausführung	0	0
3. Vertrieb	0	0	3. Vertrieb	0	0
			4. Verrechnung	0	0
Summen	0	0	Summen	0	0
Unvorherges. Kosten	0		Unvorherges. Kosten	0	
④ Allgem. Unternehmer-Wagnis	100		④ Allgem. Unternehmer-Wagnis	100	
⑤ Sonder-Sk. ab Werk (① bis ④).	5800		⑤ Sonder-Sk. ab Werk (① bis ④).	5800	
⑥ Beförderungskosten (allfällig).	100		⑥ Beförderungskosten (allfällig).	100	
⑦ Aufstellungskosten „ .	0		⑦ Aufstellungskosten „ .	0	
⑧ Alle Kost. d. Auftrages (⑤ bis ⑦)	5900		⑧ Alle Kost. d. Auftrages (⑤ bis ⑦)	5900	

Gewinnberechnung.		Fr.	Fr.
Erlös: Verkaufspreis:			6840
abzüglich: Erlösschmälerungen		340	
Noch mögliche unvorhergesehene Kosten		200	
Noch offene Wagnisse		0	540
Mutmaßlicher Nettoerlös			6300
Alle Kosten des Auftrages			5900
Mutmaßlicher Reingewinn			400

Abb. 17. **Werk I. Zeitabschnitt von Mo. 1. Juli bis So. 28. Juli 1927.**
Gemeinkostendeckung durch normale Zuschläge auf die Einzellöhne
(Kostenträger) der letzten Kostenstellen.

Ab-leitung Nr.	Einzellöhne mit Zuschlägen übergehend in:				ohne Aufträge für Gemeinkosten	Gemein-kosten-löhne	Brutto-lohnsumme laut Ab-rechnungs-bogen der letzten Kosten-stellen	Normale Zuschlagssätze in °/₀ der Einzellöhne		Nach der Aufteilung auf die einzelnen Aufträge werden diese erhalten an: Zuschlägen der	
	Erzeugnisse der EG I	anderer Ab-teilungen	Neuein-richtung für EG I	Summe von 1, 2 und 3				Vor-be-reitung Vb E I	Aus-führung AW I	Vor-be-reitung	Aus-führung
	1	2	3	4=Σ(1−3)	5	6	7	8=Σ(4−7)	9	10	11=4×9	12=4×10
4	560			560					45	90	252	504
5	3580		300	3880					67	134	2600	5200
6	4260			4260					82	164	3494	6988
7	680			680					90	180	608	1216
8	2060		100	2160					86	172	1858	3716
9	2060		100	2160					86	172	1858	3716
10	1860		100	1960					86	172	1686	3372
11	360			360					86	172	330	660
12	1720			1720					32	64	550	1100
13	4260			4260					77	154	3280	6560
14	1420			1420					90	180	1278	2556
15	3880			3880					32	64	1242	2484
16	23500			23500					32	64	7520	15040
17	560			560					67	134	376	752
18	9680			9680					38	76	3678	7356
19	560			560					34	68	190	380
Total	61000	0	600	61600	0	400	6000	68000	50°/₀	100°/₀	30800	61600

Abb. 18. **Meldung der Hauptbuchhaltung an die Direktion**
über die Überdeckung + oder Unterdeckung — der objektiven Gemeinkosten durch die von der Nachrechnung zu verrechnenden Zuschläge, für den Zeitabschnitt von Mo. 1. Juli bis So. 28. Juli 1927.
(Die Zuschlagssätze sind die °/₀-Sätze f. d. Besch.-grad 0,8 des Zeitabschn.)

Erzeugn.-Gruppen und Neu-einrich-tungen	Einzelkosten Verbrauch			Gemeinkosten (Zuschläge)										Total der Gemein-kosten
	Material	Lohn	So.	Vorbereitung				Ausführung		Vertrieb		Verrechnung		
	Fr.	Fr.	Fr.	°/₀	Material Fr.	°/₀	Erzeugnisse Fr.	°/₀	Fr.	°/₀	Fr.	°/₀	Fr.	Fr.
	1	2	3	4	5	6	7	8	9	10	11	12	13	14
1	140000	61600	0	8	11200	50	30800	100	61600	65	40040	20	12320	155960
2	100000	41000	0	7	7000	55	22550	90	36900	80	32800	25	10250	109500
3	40000	20600	0	9	3600	60	12360	110	22660	90	18540	20	4120	61280
Total	280000	123200	0		21800		65710		121160		91380		26690	326740

Wirkliche Aufwendungen + Mehr für objektive Abschr. und Passivzinsen der *SKBer.* (15)

EG 1	140000	61600	0		10000		37000		64000		45000		11000	167000
	0	0	0	9,3	+1200	20,1	−6200	3,9	−2400	12,4	−4960	10,7	+1320	−11040
EG 2	100000	41000	0		6800		20000		32900		29800		11250	100750
	0	0	0	2,9	+200	11,3	+2550	10,9	+4000	9,1	+3000	9,7	−1000	+8750
EG 3	40000	20600	0		4000		13360		20660		15540		4620	58180
	0	0	0	11,1	−400	8,1	−1000	8,8	+2000	16,2	+3000	12,1	−500	+3100
EG 1,2 u.3	280000	123200	0		20800		70360		117560		90340		26870	325930
	0	0	0	4,6	+1000	7,1	−4650	3,0	+3600	1,1	+1040	0,7	−180	+810

Für die 28 Tage des Zeitabschnittes:

Einzelkosten: Verbrauch laut Meldungen der Lagerverwaltung und des Lohnbüros
Gemeinkosten: Zuschläge laut Meldungen der Unkosten-Buchhaltung.

(15) Wirkl. Aufw. + Mehr für *SKBer.* = $\frac{28}{31}$ der Meldungen per Juli der Unk.-Buchh. und der Haupt-Bh.

Erfahrungen und durch die Wahrscheinlichkeit, daß das auf unsere Verhältnisse abgestimmte Standard-Budgetsystem berufen ist, in kürzester Zeit eine hervorragende Rolle in der Industrie zu spielen, durchaus nicht gerechtfertigt ist.

18. Rückblick.

Aus den bisherigen Darlegungen geht hervor, daß die Einführung der Systematik in die Buchhaltung wie in die Selbstkostenberechnung eine überaus klare und durchsichtige, einheitliche Behandlung der beiden eng verwandten Gebiete gestattet, deren Vorteile in organisatorischer Hinsicht bei der praktischen Anwendung voll zur Geltung gelangen werden. Die planmäßige Darstellung der Zusammenhänge zwischen der Buchhaltung und der Selbstkostenberechnung bzw. der Betriebsrechnung einer Maschinenfabrik dürfte in Zukunft berufen sein, noch nach einer andern Richtung eine bedeutsame Rolle zu spielen, und zwar bei Kapitalbeschaffungen und bei Aufnahmen von Krediten, Operationen, die vor dem Kriege eine verhältnismäßig leichte Lösung finden konnten, nach dem Kriege jedoch zu überaus heiklen und schwierigen Aufgaben angewachsen sind. Die Schwierigkeiten rühren in der Regel davon her, daß die beweiskräftigen Unterlagen zum Nachweise der vorteilhaften Geldanlage nicht beigebracht werden können.

In erster Linie sind es die Sicherheiten, die das Kapital veranlassen werden, sich der Industrie zur Verfügung zu stellen, aber jene allein genügen nicht, es müssen vielmehr Gewinnmöglichkeiten über das normale Maß hinaus nachgewiesen werden können, ansonst der Kapitalist es vorziehen würde, seine Mittel in sicheren, festverzinslichen Papieren anzulegen. Dieser Nachweis wird vorzugsweise mit Hilfe von Bilanzen und von Gewinn- und Verlust-Rechnungen zu erbringen versucht. Die Richtigkeit des vorgelegten Zahlenmaterials kann der Kapitalist nötigenfalls von einer sachkundigen und unabhängigen Stelle prüfen lassen, etwa von einer Treuhandgesellschaft. Die Zahlen vermögen über die erzielten Erfolge und gegebenenfalls auch über den derzeitigen innern Wert des Unternehmens eine angenäherte Auskunft zu geben, nicht aber über die richtige Verwendung der finanziellen Mittel und über die Möglichkeiten der Entwicklung des Unternehmens.

Man versetze sich in die Lage eines Kapitalisten, der um eine Beteiligung, oder einer Bank, die um Gewährung eines Kredites angesprochen wird und denen als Unterlagen die Bilanz und die Gewinn- und Verlust-Rechnung nach Abb. 1 und 2 vorgelegt werden, allenfalls vermehrt um Angaben über die Einzelheiten der buchhalterischen Posten. Der erste Eindruck dürfte in allen Beziehungen durchaus demjenigen entsprechen, den der Leser erhält, als ihm beim Studium des ersten Teiles des vorliegenden Werkes zum ersten Male die beiden Rechnungen vorgeführt wurden. Das unbehagliche Gefühl, von dem damals die Rede war, die Empfindung des Unbefriedigtseins beim Betrachten der Zahlen, die alles besagen sollten, in Wirklichkeit jedoch eine ganze Reihe von Geheimnissen enthalten, der Mangel an Ausweisen darüber, ob die gemachten Aufwendungen auch zweckentsprechend gewesen sind, wie sie sich auf die einzelnen Erzeugnisgruppen verteilen und welche Erfolge jede Gruppe aufgewiesen hat, warum diese Gruppe gegenüber jener in Rückstand geblieben ist, wie sich die Aufwendungen auf die einzelnen Verfahrenstufen verteilen, ob diese oder jene Erfolge nicht mit unverhältnismäßig hohen Aufwendungen, vielleicht infolge von nicht beseitigten Verlustquellen erkauft worden sind, ob die innere und äußere Organisation des Unternehmens auf einer vertrauenerweckenden Grundlage aufgebaut ist u. a. m., über alle diese Punkte herrscht völlige Unklarheit, weil die vorgelegten Zahlen nicht geeignet sind zur Erteilung der gewünschten Aufschlüsse. Wohl wird dann noch versucht, über die Organisation und die Zukunftsmöglichkeiten des Unternehmens mit mehr oder weniger Geschick nähere Angaben zu machen, aber mangels geeigneter, einen klaren Einblick in alle Einzelheiten gestattender

Unterlagen wird die Übersicht nur noch mehr getrübt. Die nachträglichen Angaben und Aufklärungen der Geschäftsleitung dürften nur in seltenen Fällen dazu beigetragen haben, den ersten ungünstigen Eindruck, mit dem der mit Organisationsfragen nicht vertraute Kapital- oder Geldgeber schon anfänglich belastet worden war, zu verwischen.

Nun vergegenwärtige man sich anderseits die ungleich stärkere strategische, dem Gegner unfehlbar imponierende, den Freund sofort für sich günstig stimmende Stellung des Fabrikdirektors, der imstande ist, das nämliche Gesuch um eine Kapitalbeteiligung oder um eine Kreditgewährung zu belegen mit der systematischen Bilanz und der systematischen Gewinn- und Verlust-Rechnung des Unternehmens gemäß Abb. 3 und 4, mit 11 kurzfristigen Erfolgsrechnungen des Jahres gemäß Abb. 5, mit der Organisation des Unternehmens gemäß Abb. 9, 11, 12 und 13, mit der graphischen Darstellung der Betriebsrechnung gemäß Abb. 14, mit den schriftlichen und graphischen Darstellungen der Verhältnisse zwischen den festen und veränderlichen Unkosten, so wie sie im 10. Abschnitt entwickelt worden sind, und schließlich mit den 11 monatlichen Meldungen der Hauptbuchhaltung gemäß Abb. 18 über den Vergleich der buchhalterisch gefaßten und der durch Zuschläge zu deckenden Kosten der Selbstkostenberechnung jeder einzelnen Erzeugnisgruppe! Solche Unterlagen, namentlich, wenn sie mehrere Jahre umfassen, flößen Vertrauen ein und gestatten eine Beurteilung der gesamten Organisation, des innern und äußern finanziellen Gebahrens und der Zukunftsmöglichkeiten der Entwicklung des Unternehmens besser als die vollständigsten schriftlichen und die geschicktesten mündlichen Ausführungen.

Die Bedeutung der Betriebsrechnung eines Fabrikunternehmens als Maßstab für die richtige Verwendung der finanziellen Mittel wird seit dem Kriegsende auch vom Nichtfachmann richtig erfaßt. Er weiß, daß eine Betriebsrechnung in jedem Unternehmen geführt wird, nur kennt er die Zusammenhänge mit der kaufmännischen Rechnung nicht. Was ihm bekannt ist und ihm allenfalls gezeigt wird, ist nur derjenige Teil der Abb. 14, der sich bezieht auf die Bilanzwerte der Arten links am Anfang eines Zeitabschnittes, den Artenverbrauch während des Zeitabschnittes und die Bilanzwerte rechts am Ende desselben. Die Betriebsrechnung, die sich naturgemäß zwischen dem Artenverbrauch und dem Ende des Zeitabschnittes entwickelt, die bei der praktischen Anwendung selbstredend mit buchhalterischen Zahlen in passender Weise zur Darstellung gebracht wird und die gleichsam den wahren Charakter des Unternehmens erst zur vollen Geltung kommen läßt, hatte bisher zwar nicht als Ganzes und Selbständiges, sicher jedoch in diesem überaus durchsichtigen Zusammenhange der Abb. 14 gefehlt und auf diesen Mangel dürfte das Scheitern vieler Versuche der letzten Jahre zu Kapitalbeschaffungen und Kreditaufnahmen zurückzuführen sein.

Es liegt zweifellos im ureigensten Interesse eines jeden Fabrikunternehmens, die im vorliegenden Werke beschriebene Systematik der Buchhaltung und der Selbstkostenberechnung raschmöglichst einzuführen. Wir wiederholen und geben dem uns nur aus seinen Schriften bekannten, hervorragenden Vertreter der Organisationswissenschaft die Ehre: die Theorien — die so oft mißverstandenen und in Fachkreisen zu wenig gewürdigten Theorien — der „stehenden und fließenden Elemente" und des „dreidimensionalen Aufbaues" der Organisation rühren von Prof. Schilling und nur deren praktische Verwertung und Darstellung für den Sonderfall einer Maschinenbauanstalt vom Verfasser her.

In seiner „Lehre vom Wirtschaften" hat Schilling überzeugend nachgewiesen, daß der dreidimensionale Aufbau der Organisation für alle soziologischen Gebilde Geltung hat, nicht nur für die auf den Erwerb eingestellten Unternehmen. Es können Fälle eintreten — Ideal- und Ausnahmefälle, die in der Praxis nur eine beschränkte Rolle spielen und die den grundsätzlichen Aufbau der Schillingschen Organisationsform nicht in Frage zu stellen vermögen—, bei denen auf eine Dimension verzichtet werden kann, beispielsweise bei einem reinen Handelsunternehmen, das keine Erzeugnisse, bei einer Backstein- oder Lebensmittelfabrik, die nur eine einzige Art von Backsteinen oder Lebensmitteln oder auch bei einer Automobilfabrik (Ford), die nur einen Typ von Wagen herstellt, Fälle, in denen Stellen und Erzeugnisse und Verfahren genau und vollständig zusammenfallen.

Eine staatliche Verwaltung, die keinen Erwerb betreibt, könnte allenfalls auf die Erzeugnisdimension verzichten, indem es ihr gleichgültig sein kann, ob den Aufwendungen auch die entsprechenden Leistungen ihrer Angestellten gegenüberstehen. Die neuzeitliche Entwicklung führt jedoch zur Aufstellung von „Budgets", die wir im III. Teil kennen lernen werden und in welchen die erwarteten Leistungen verkörpert sind. Diese Budgets ersetzen daher in der Praxis der Verwaltungskörper die Erzeugnis- und Verfahrendimension der Fabrikunternehmungen.

Aus diesen Erwägungen heraus gelangen wir zum Ergebnis, daß genau so, wie die Schillingschen Ableitungen in der Theorie, die in den Abb. 13 und 14 gezeigten (schriftliche und graphische) Darstellungen in der Praxis, unter entsprechender Anpassung an die vorhandenen Verhältnisse, auf alle soziologischen Gebilde — Einheiten wie Zusammenschlüsse — angewendet werden können.

III. Teil. Das Standardsystem.

19. Die Standardtheorie.

1. Die Verwendung der Standards. Zur Beurteilung des statischen Aufbaues einer auf den Erwerb oder auf eine reine Verwaltungstätigkeit eingestellten Wirtschaftseinheit, oder eines Zusammenschlusses von Einheiten — Fabrik-, Handels- und andere Unternehmungen, private, kommunale oder staatliche Aufwandwirtschaften, Verbände, Kartelle, Trusts, usw. —, und der dynamischen Vorgänge, die sich in denselben abspielen, werden seit dem Kriegsende in Amerika und seit wenigen Jahren auch in Europa die sogenannten Standards verwendet.

Ein Standard ist ein Maßstab, mit welchem der absolute Wert einer Größe gemessen wird, oder auch ein Maßstab, mit welchem eine vergangene oder gegenwärtige Leistung gemessen wird oder eine zukünftige Leistung gemessen werden soll. Man bedient sich somit der Standards zur Messung eines Wertes oder einer Leistung, eines statischen Zustandes oder eines dynamischen Vorgangs, zur Messung der Ruhe oder der Bewegung und bezeichnet dieselben dementsprechend als Wertstandard oder Leistungsstandard.

Der Wertstandard entspricht der Bilanz einer Wirtschaftseinheit, die den Ruhezustand an einem beliebig gewählten Zeitpunkt darstellt, während der Leistungsstandard der Gewinn- und Verlust-Rechnung entspricht, die der Darstellung der während eines Zeitabschnittes sich abwickelnden Bewegungsvorgänge dient. Ihrer Verwendung nach sind die Standards gleichsam „Normalmaßstäbe"; vorläufig möge die Frage, was unter einem „Normalwert" oder einer „Normalleistung" zu verstehen sei und welche Genauigkeit die Maßstäbe aufweisen, unerörtert bleiben.

2. Die Anwendung der Standards. Die Standards werden in der Weise angewendet, daß mit ihrer Hilfe Verhältniszahlen gebildet werden zwischen Werten und Leistungen, wie sie einmal gewesen sind, wie sie sich in Wirklichkeit vorfinden oder wie sie in Zukunft wahrscheinlich sein werden, und Werten und Leistungen, wie sie standardgemäß sein sollten.

Einige amerikanische Organisatoren haben den Standardbegriff erweitert durch Unterteilung der Standards derart, daß Hilfsmaßstäbe gebildet werden, mit deren Hilfe auf die Ursachen der Abweichungen vom Standardnormal geschlossen werden kann. Ein einfaches und ein verwickeltes Beispiel mögen den Begriff der Ursachenstandards erläutern.

a) Ein Arbeiter hat auf eine ihm übertragene Arbeit 60 Stunden verwendet statt normal 50 und es werden ihm an Lohn ausbezahlt Fr. 90.— statt normal Fr. 65.—. Die Unterschiede rühren offenbar davon her, daß der Arbeiter 10 Arbeitsstunden mehr verbraucht hat und daß sein Stundenlohn Fr. 1.50 beträgt statt normal Fr. 1.30.

b) Die mit der letzten Kostenstelle Vb. E. 1 zusammenfallende Verfahrensstufe Vorbereitung-Erzeugnisse der Erzeugnisgruppe 1 — siehe Abb. 17 und 18 — hat für einen vierwöchentlichen Zeitabschnitt einen wirklichen Zuschlagssatz von 70% aufgewiesen statt normal 50%. Die Hilfsmaßstäbe könnten etwa folgende Ursachen aufdecken: 1. der Zeitabschnitt hat nur $22 \cdot 8 = 176$ Arbeitsstunden statt normal $24 \cdot 8 = 192$, weil an zwei Feiertagen nicht gearbeitet wurde, 2. es sind Gehaltserhöhungen vorgenommen worden, die im Standard nicht vorgesehen sind, 3. die Zinsen des der Stelle Vb. E. 1 zugeteilten Anlagekapitals haben sich als ungenügend ausgewiesen und sind erstmals erhöht worden, 4. die Gebühren für Schutzrechte der Erzeugnisgruppe 1 sind in einem für das ganze Jahr veranschlagten Betrag dem betreffenden Zeitabschnitt belastet worden, statt nur zu $1/_{13}$ tel, 5. es sind auf einmal doppelt so viele Büromaterialien gefaßt worden als normal, 6. im Prüfstand 1 mußte während 14 Tage Tag und Nacht gearbeitet werden u. a. m.

Die aufgezählten Ursachen bilden nur einen Teil der überhaupt möglichen und es liegt bei der Festlegung von Ursachenstandards die Gefahr des Überbordens vor, sie sollten deshalb vom Anfang an auf ein vernünftiges Maß zurückgeschraubt werden.

3. Die Herkunft der Standards. Interne Standards werden aufgestellt mit Hilfe von Zahlenwerten oder Leistungen, die sich innerhalb der Wirtschaftseinheit vorfinden, so z. B. wenn Normalmaßstäbe gebildet werden sollen zur Messung der Verhältnisse zwischen dem Aktienkapital und dem Jahresumsatz, den Schulden und den greifbaren Werten, den Aufwendungen für die Fabrikation und dem Erlös aus derselben u. a.

Gleichnamige Werte oder Leistungen anderer Wirtschaftseinheiten der gleichen Art, einzeln oder gruppenweise, nach Gegenden, Ländern oder der ganzen Welt, führen zu externen Standards, deren Wert bedeutend höher zu veranschlagen ist als jener der rein intern aufgestellten Standards.

Durch Zusammenkoppeln von internen und externen Standards gelangt man zu den kombinierten in- und externen Standards.

4. Die Größenordnung der Standards. Nach der Zahl oder der Größe der Einheiten, die zu einem Standard zusammengezogen werden, unterscheidet man: Gesamt-, Gruppen-, Untergruppen- und Einzelstandards, was durch einige Beispiele erläutert werden möge.

a) Die Gesamtstundenzahl je Woche der 500 auf Einzellöhnen arbeitenden Maschinen- und Platzarbeiter der drei Werke I, II und III — Abb. 11 — können zu einem Gesamtstandard von 24000 Arbeitsstunden zusammengezogen werden, diejenige der 250 Arbeiter des Werkes I zu einem Gruppenstandard von 12000, diejenige der Dreherei W. I. 5 mit 25 Arbeitern zu einem Untergruppen-Standard von 1200 und diejenige einer Drehbank zu einem Einzelstandard von 48 Arbeitsstunden.

b) Die von der Vertriebsabteilung monatlich hereinzubringenden Aufträge Fr. 1000000.— mögen den drei Vertriebsbüros und den ihnen unterstellten Vertretern standardgemäß angemessen zugeteilt werden, dann würde der Gesamtbetrag Fr. 1000000.— der ganzen Vertriebsabteilung einen Gesamtstandard, der etwa dem Vertriebsbüro Vt. B. 1 allgemein zugeteilte Betrag F. 500000.— einen Gruppenstandard, der diesem Büro besonders zugeteilte Betrag Fr. 200000.— einen Untergruppen-Standard und die drei Beträge von etwa Fr. 150000.—, 100000.— und 50000.— der 3 Vertreter drei Einzelstandards darstellen.

Es ist einleuchtend, daß die höhere Ordnung des Standards jeweilen durchZusammenziehen der nächst unteren Ordnungen gebildet wird und daß an der untersten Stufe die Einzelstandards stehen. Es kann aber auch ein Standard niederer Ordnung aus einem solchen höherer Ordnung abgeleitet werden. Beispielsweise könnte zur Aufstellung eines Einzelstandards für die Gemeinkosten je Arbeitsstunde einer Drehbank der Dreherei W. I. 5 eine Anzahl gleichartiger Bänke der gleichen Abteilung oder des ganzen Unternehmens, gleichgültig in welchen Abteilungen sie aufgestellt sind, zu einem Untergruppenstandard zusammengezogen werden, aus welchem durch Division durch die Anzahl der vorhandenen Bänke ein Einzelstandard gebildet würde.

5. **Der Sicherheitsgrad der Standards.** Die Standard-Maßstäbe können gewonnen werden auf dem Wege a) der Schätzung, b) der Rechnung und c) der Messung, wie folgende Beispiele zeigen.

a) Wenn festgesetzt wird, daß der Betrag der Obligationenschulden das halbe Aktienkapital A nicht übersteigen soll, die Rohstoffvorräte höchstens $1/4$ des Jahresverbrauches V an Rohstoffen sein dürfen, das Betriebskapital mindestens $1/3$ des Jahresumsatzes U betragen muß, usw., so sind die Standardwerte $1/2\,A$, $1/4\,V$ und $1/3\,U$ bloße Schätzungen.

b) Durch eine Rechnung kann ermittelt werden, daß die normale Arbeitsstundenzahl in der Dreherei W. I. 5 per Woche 1200 betragen wird. Aus der Tatsache, daß das Vertriebsbüro Vt. B. 1 in den letzten 12 Monaten Fr. 6000000.— Kundenaufträge hereingeholt hat, darf auf einen monatlichen Bestellungseingang von Fr. 500000.— geschlossen werden. Wenn es sich zeigt, daß ein Konkurrenzunternehmen mit 200 Arbeitern jährlich eine bekannte Zahl von Erzeugnissen einer bestimmten Art herzustellen vermag, kann durch eine einfache Rechnung ermittelt werden, daß unser Werk III mit 100 Arbeitern die halbe Anzahl erzeugen sollte. Wenn aus den Verbandsmitteilungen hervorgeht, daß gleichartige Unternehmungen einer Landesgegend im Mittel den $1\frac{1}{2}$fachen Betrag ihres Aktienkapitals umsetzen, während wir den einfachen Betrag nie überschritten haben, dürfen wir uns ernsthaft die Aufgabe stellen, einen normalen Umsatz zu erreichen, der den bisherigen um 50% übersteigt, wenn wir auch kaum veranlaßt sein würden, schon vom ersten Jahre an einen Standard von 150% der bisherigen Produktion aufzustellen.

c) Ausgeführte Messungen haben das Ergebnis gezeigt, daß die Drehbank D 1 in der Dreherei W. I. 5 in einer Woche von 48 Stunden 24 Maschinenteile bearbeitet hat, daß Kraftwagen Nr. 1 in 14 Tagen für den städtischen Bestelldienst 1400 km zurückgelegt hat, daß der Energieverbrauch als Mittel einer vierwöchentlichen Beobachtung täglich 2000 kWh beträgt, usw. Die Standards, die auf diesem Wege zustande gekommen sind, beruhen unzweifelhaft auf gewissenhaft vorgenommenen Messungen.

Dementsprechend ist der Sicherheitsgrad der Standards zu bemessen. Aus dem Umstande, daß einzelne Standards geschätzt worden sind, darf nicht geschlossen werden, daß sie stets und immer weniger genau sind als die anderen. Jahrelange Erfahrungen vermögen den Sicherheitsgrad von Schätzungen oft in dem Maße zu erhöhen, daß die derart gewonnenen Standards mindestens den Sicherheitsgrad der anderen erreichen.

Statistiken aller Art — interne und externe, einzel- und gruppenweise — bilden die wertvollsten Hilfsmittel zur Errechnung oder Schätzung von Standardwerten und Standardleistungen. In vielen Fällen sind sie die einzige, überhaupt mögliche Grundlage, wie die oben unter b) angeführten drei letzten Beispiele zeigen.

6. **Die Rangstufen der Standards.** Der stets als relativ zu bezeichnende Sicherheitsgrad der Standards bringt es mit sich, daß Änderungen auch an den bestmöglichst aufgestellten Standards unausbleiblich sind. Charter Harrison, einer der Hauptförderer des Standardsystems in Amerika, geht sogar so weit 4 Rangstufen anzuwenden, die er „basic or original, revised basic, alternate and revised alternate" nennt, und die etwa

durch folgende Ausdrücke: Grund- oder Normalstandard, revidierter Grundstandard, Wechselstandard und revidierter Wechselstandard bezeichnet werden könnten.

Grundsätzlich wird ein revidierter, gegenüber dem Grundstandard verbesserter, der Wirklichkeit näherkommender Standard durch eine Verhältniszahl mit demjenigen Standard verbunden, aus dem er hervorgegangen ist, so daß im Laufe der Zeit aus einer Statistik der Verhältniszahlen auf die vorgenommenen Änderungen geschlossen werden kann.

Ein Wechselstandard ist ein aus einem Grundstandard durch einen Wechsel des Arbeitsverfahrens hervorgegangener Standard, etwa wenn Neuanschaffungen besonderer Vorrichtungen oder die Inbetriebsetzung neuer Hochleistungsmaschinen die Parallelschaltung alter und neuer Verfahren bedingen, oder auch, wenn beispielsweise die Eröffnung eines Verkaufsbüros in einer größern Ortschaft die Ausschaltung eines Verkaufsbüros der Zentrale gestattet.

7. Die Zuteilung der Standards. Wie aus den oben angegebenen Beispielen hervorgeht, können die Standards den Arten, den Stellen und den Erzeugnissen und Verfahren zugeteilt werden. Der Vorteil des früher entwickelten Stellenplans Abb. 11 und des Erzeugnis- und Verfahrenplans Abb. 12 bzw. des Zusammenfallens von Stellen und Verfahren, macht sich bei den Standardrechnungen in gleichem Maße bemerkbar wie bei den gewöhnlichen Rechnungen. Die Abb. 13 gibt genaue Anhaltspunkte auch über die Zusammenhänge zwischen den Standards. Diese werden für die letzten Kostenstellen bzw. deren Untergruppen von den verantwortlichen Vorstehern aufgestellt, und zwar getrennt nach Arten. Aus den Stellen erfolgt die Überführung in die Erzeugnisse und Verfahren. Die Aufstellungen des Standardverbrauches an Material, Lohn und Sonderkosten erfolgen am folgerichtigsten durch die Vorsteher der letzten Kostenstellen der Vorbereitung-Erzeugnisse. Wie aus der Abb. 13 hervorgeht, ist es wegen der Gleichheit der Summen aller Artenstandards — Artenverbrauch — und aller Erzeugnis- und Verfahren-Standards — Selbstkosten — gleichgültig, welche der beiden Standardaufstellungen weiterverwendet wird. Nur ist zu beachten, daß die Erzeugnis- und Verfahren-Standards die Aufteilung nach Erzeugnisgruppen unmittelbar zeigen.

Die Zusammenstellung der Standards nach Arten ist nichts anders als die Aufstellung der Voranschläge, Budgets oder Etats der linken Aufwandseiten der systematischen Gewinn- und Verlust-Rechnung, Abb. 4, für jede einzelne der letzten Kostenstellen bzw. Verfahrenstufen. Ihre Zusammenlegung führt zu der linken Seite der für das ganze Unternehmen gültigen Standard- Gewinn- und Verlust-Rechnung, in deren rechte Seite die mutmaßlichen Erlöse einzustellen sind, die selbstredend größer sein müssen, damit sich ein Habensaldo ergibt. Die Übertragung dieses Habensaldos in die Bilanz — eine Zwischenbilanz — führt zu einer Standardbilanz. Diese beiden Rechnungen bilden für einen Zeitabschnitt und für einen Zeitpunkt den Schluß der dynamischen und statischen Standardaufstellungen der Wirtschaftseinheit. Der Vergleich der wirklichen Aufwendungen und der Standardaufwendungen des Zeitabschnittes zeigt, je nachdem erstere kleiner oder größer sind als letztere, einen größeren oder kleineren Gewinn als laut Voranschlag sich hätte ergeben sollen. Die in der Abb. 18 dargestellte Meldung der Hauptbuchhaltung an die Direktion würde sich dann nicht mehr auf die Zuschläge der Nachrechnung, sondern auf die Standards beziehen.

Aus der Phasenverschiebung von einigen Monaten zwischen den ersten Aufwendungen des Zeitabschnittes und den ersten Eingängen der Guthaben an Kunden ergibt sich der Finanzplan der kaufmännischen Leitung, nach welchem die finanziellen Dispositonen sich zu richten haben. Zeigt es sich, daß die finanziellen Mittel nicht ausreichen, um die gewünschten Leistungen zu erzielen, so müssen Schulden gemacht bzw. Kredite aufgenommen werden. Gelingt diese Operation zu annehmbaren Bedingungen nicht — eine unliebsame Erfahrung, um welche in den letzten Jahren nur zu viele Fabrikunternehmungen reicher geworden sind,— so bleibt keine andere Wahl übrig als die Herabsetzung der Ansprüche auf ein vernünftiges, den verfügbaren Geldmitteln entsprechendes Maß.

Die von amerikanischen Ingenieuren und Revisoren veröffentlichten und in Kongressen vorgetragenen Abhandlungen über die Standardtheorie — eigentlich Budgettheorie — leiden durchgehends unter dem Mangel des Fehlens von Angaben über die jeweiligen Grundpläne der Organisation, die gerade beschrieben wird. Die Aufzählung der normalerweise unter den verschiedensten Gesichtspunkten aufzustellenden Budgets genügt nicht, um einen richtigen Einblick in das Gewebe der Standards zu gestatten. Nur die drei der Schillingschen Organisationsform zugrunde liegenden Grundpläne erlauben eine klare und lückenlos systematische Übersicht über alle überhaupt denkbaren Standardaufstellungen, Abb. 9, 11, 12 und 13.

8. **Der Beschäftigungsgrad als Grundlage für die Aufstellung der Standards.** Da die Gütererzeugung Selbstzweck einer Maschinenfabrik ist, müssen die Wertstandards und die Leistungsstandards zunächst für einen beliebig gewählten Beharrungszustand der Fabrikation, letzten Endes jedoch stets für den normalen Beschäftigungsgrad aufgestellt werden.

Der Beschäftigungsgrad ist begrifflich nicht eindeutig bestimmt, denn er kann bezogen werden auf a) die absoluten Zahlenwerte des Umsatzes, bei stabilen Verkaufspreisen, b) die Selbstkosten der Erzeugnisse, bei ziemlich gleichbleibender Art der Herstellung, c) die Einzellöhne, bei nicht zu stark schwankenden Lohnsätzen, d) die Maschinen und Platzstunden, bei nicht zu starkem Wechsel in den Erzeugnisgruppen der Erzeugung.

In Amerika wird die letztgenannte Beziehung vorgezogen und es wird der Beschäftigungsgrad für einen nicht zu langen Zeitabschnitt definiert als das Verhältnis zwischen den wirklich geleisteten und den unter Zugrundelegung der normalen wöchentlichen Arbeitszeit von 48 Stunden überhaupt möglichen Maschinen- und Platzstunden.

Da die für die Stellen bzw. Verfahren nach Arten aufzustellenden Standards letzten Endes auf den normalen Beschäftigungsgrad bezogen werden, ist deren Abhängigkeit von diesem dadurch zum Ausdruck zu bringen, daß die für die einzelnen Glieder des Artenplanes der Wirtschaftseinheit gültigen Verhältnisse zwischen den festen und den veränderlichen Kosten in den Standards eine zahlenmäßige Grundlage erhalten. Wenn beispielsweise Standards aufgestellt werden für den Bedarf an Betriebskapital, die Leistung einer Abteilung, die Höhe der vom Vertrieb hereinzubringenden Aufträge u. a., so müssen bei dem Vergleich der für einen Zeitabschnitt sich zeigenden wirklichen Zahlenwerte mit denen der Standards, diese letzteren die Beträge für den festgestellten Beschäftigungsgrad ohne weiteres oder doch wenigstens mit Hilfe einfacher Umrechnungen anzugeben imstande sein. Die im 10. Abschnitt beschriebene Methode der Ermittlung der festen und veränderlichen Unkosten aus der systematischen Gewinn- und Verlust-Rechnung wird bei den ersten Aufstellungen der Unkostenstandards wertvolle Dienste leisten, bis die rechnerisch und graphisch zu ermittelnde Abhängigkeit jener Unkosten vom Beschäftigungsgrad die gewünschte Korrektur zu liefern imstande sein wird. Das Problem des Beschäftigungsgrades dürfte übrigens noch auf Jahre hinaus eine besondere Rolle in jeder Wirtschaftseinheit spielen.

9. **Die Konjunkturstandards.** Die Erforschung der Konjunktur hat bis jetzt ungeahnte Gesetzmäßigkeiten zutage gefördert, die ihrer Zusammenhänge mit dem Beschäftigungsgrad wegen aller Beachtung wert sind. An das schwierige Problem der Aufstellung von Konjunkturstandards haben sich in Amerika nur die Vertreter der Finanz und des Handels herangewagt. Der „Fachausschuß für Rechnungswesen beim AWV" hat das Studium der Trennung des Konjunkturgewinnes vom Betriebsgewinn als eine seiner Aufgaben bezeichnet, so daß eine hellere Beleuchtung des heute noch undurchsichtigen Problems in absehbarer Zeit zu erwarten ist.

10. **Die absoluten Standards.** Aus den bisherigen Erläuterungen geht hervor, daß von absoluten Standards im Sinne von unveränderlichen Maßstäben, wie sie in den exakten Wissenschaften zur Verwendung gelangen, zur Zeit nicht die Rede sein kann. Nicht einmal für die Berechnung der normalen Zahl von Arbeitsstunden eines Zeitabschnittes lassen sich absolute Maßstäbe aufstellen, weil die Feiertage mit den Orten und Gegenden wechseln. Auch die Messungen mit Hilfe der Zeitstudien sind noch in hohem Maße der Veränderlichkeit unterworfen. Immerhin muß als Endziel die Aufstellung von Standards aller Art angestrebt werden, deren Sicherheitsgrad eine solche Höhe erreicht, daß die Standards nicht nur zu Messungen innerhalb einer Wirtschaftseinheit, sondern überhaupt zu Vergleichsmessungen zwischen Wirtschaftseinheiten der gleichen Art ohne weiteres benutzt werden können, denn nur dann dürfte es möglich sein, sofort den wahren Ursachen der unbefriedigenden Leistungen bzw. der geringeren Rentabilität einer Wirtschaftseinheit auf den Grund zu gehen und abzuhelfen. Die Wirtschaftswissenschaft und die Fachverbände haben in dieser Beziehung noch eine sehr wichtige und praktisch wertvolle Aufgabe zu lösen.

11. **Zusammenfassung der Standardtheorie.** Die Standards lassen sich nach 10 Gesichtspunkten einteilen:

1. nach ihrer Verwendung: a) statische oder Wertstandards, b) dynamische oder Leistungsstandards,

2. nach ihrer Anwendung, zur Ermittlung von a) Verhältniszahlen, b) Verhältniszahlen und Ursachen,

3. nach ihrer Herkunft: a) interne, b) externe, c) kombinierte in- und externe Standards,

4. nach ihrer Größenordnung: a) Gesamt-, b) Gruppen-, c) Untergruppen-, d) Einzelstandards,

5. nach ihrem Sicherheitsgrade: a) durch Schätzung, b) durch Rechnung, c) durch Messung gewonnene Standards,

6. nach ihren Rangstufen: a) Grund- oder Normalstandards, b) revidierte Grundstandards, c) Wechselstandards, d) revidierte Wechselstandards,

7. nach ihrer Zuteilung: a) Arten-, b) Stellen-, c) Erzeugnis- und Verfahrenstandards,

8. nach dem Beschäftigungsgrade: Standards, die den Beschäftigungsgrad in den Verhältnissen zwischen den festen und veränderlichen Kosten zum Ausdruck bringen,

9. nach der Konjunktur: Konjunkturstandards,

10. nach ihrem unveränderlichen Werte: absolute Standards.

20. Die Standardpraxis.

1. **Grundsätzliches.** Nachdem die theoretischen Grundbegriffe erläutert worden sind, wollen wir zu der praktischen Anwendung der Standardtheorie übergehen. Dabei ist es unerläßlich, nicht nur von Standards schlechthin zu reden, sondern überall da, wo ein uns geläufiger Ausdruck eine bessere Einsicht in die Verhältnisse zu vermitteln vermag, diesen zu verwenden. In den kommenden Ausführungen werden wir daher den Bezeichnungen Voranschlag, Vorrechnung und Budget, die sich auf Werte oder Leistungen beziehen „wie sie sein sollten", nach Bedarf begegnen.

Im Standardsystem spielt der Begriff des Wirkungsgrades eine besondere Rolle als Verhältnis zwischen einem wirklichen Werte oder einer wirklichen Leistung und einem veranschlagten Werte oder einer veranschlagten Leistung.

Wenn die in amerikanischen Schriften enthaltenen hauptsächlichsten Gedankengänge, die die Befürworter zur vorbehaltlosen Empfehlung des Standardsystems geführt haben, systematisch geordnet werden, ergibt sich ein Bild, das wir im Nachstehenden festzuhalten versuchen wollen, wobei zum voraus ganz besonders betont werden muß, daß die amerikanischen Schriftsteller die auf die Herstellung und den Vertrieb bezüglichen Standards stets auf den normalen Beschäftigungsgrad zu beziehen pflegen, daß somit daß im 19. Abschnitt unter Nr. 8 angegebene Verhältnis zwischen den wirklich geleisteten und den überhaupt möglichen Maschinen- und Platzstunden gleich 100 % ist. Eine kritische Besprechung wird sich anschließen.

2. Das Wesen der amerikanischen Standardpraxis als Rechnungssystem.

A. Die Vorrechnung.

1. Die Kostenvorausrechnung bildet einen integrierenden Teil des Standardsystems.

2. Es genügt nicht, nur die eine Seite der Rechnung zu kennen und zu wissen, wieviel Lohn und wieviel Material, und zu welchen Zwecken sie ausgegeben wurden, die andere Seite ist ebenso wichtig, denn sie gibt darüber Auskunft, ob den Aufwendungen auch die entsprechenden Leistungen gegenüberstehen und ob der Wirkungsgrad die betreffenden Ausgaben auch rechtfertigt.

3. Es ist ganz etwas anders die Ausgaben erst zu fassen, nachdem die Arbeit fertig ist und überhaupt keine Arbeit anzufangen, bevor man weiß, was sie kosten wird.

4. Ein nicht einwandfreier Voranschlag ist besser als gar keiner.

5. Es ist eine ureigenste Sache des Betriebsingenieurs, Leistungsstandards aufzustellen und die Mittel anzugeben, mit deren Hilfe dieselben eingehalten werden können.

6. Die Vorausbestimmung der Herstellungskosten ist nicht Sache des Rechnungsbeamten. Dieser kann bestenfalls dem Betriebsingenieur Angaben darüber machen, ob die Standards eingehalten werden oder nicht, und in welcher Hinsicht sie einer Verbesserung bedürfen.

7. Die Fähigkeit richtige Voranschläge zu machen, muß als eine wesentliche Eigenschaft des Sachkundigen der Zukunft angesprochen werden.

8. Das Standardsystem oder das System der vorausberechneten Kosten muß der Einführung der wissenschatflichen Betriebsführung vorausgehen.

B. Die Arbeitsvorbereitung.

Vor der Inangriffnahme der Herstellung müssen die Arbeiten bis in die kleinsten Einzelheiten methodisch und vollständig vorbereitet werden.

C. Die Ausführung.

1. Der beste Weg die Lohnkosten zu verfolgen, besteht darin, Standardzeiten für jede einzelne Operation aufzustellen. Anstatt die Zeit für jede einzelne Arbeit des Arbeiters niederzuschreiben, ist es vorzuziehen, seine totale Arbeitszeit des Tages zu vergleichen mit jener Arbeitszeit, die er laut Voranschlag für die ausgeführten Arbeiten hätte aufwenden sollen.

2. Es ist weniger wichtig zu wissen, wieviel Zeit der Arbeiter auf die ausgeführten Arbeiten verwendet hat als zu wissen, daß sein Wirkungsgrad nur 70 % beträgt.

3. Das Standardsystem gibt den Ansporn zur Einhaltung der veranschlagten Herstellungszeiten.

4. Verbilligungen und Verteuerungen in der Herstellung müssen richtig gefaßt und gezeigt werden können.

5. Es muß die Möglichkeit bestehen, den Wirkungsgrad der Herstellung zu ermitteln.

D. Der Vertrieb.

1. Wohl kein einziges der bestehenden Rechnungssysteme dürfte imstande sein, über die Aufstellung einer richtigen Verkaufsstatistik hinaus, auch über die erzielten Gewinne des Verkaufes Auskunft zu geben. Daher rührt das Bestreben des Verkäufers,

zahlenmäßig große Aufträge hereinzuholen, unbekümmert darum, daß oft die Verkäufe an kleine Kunden, die jedoch mehr Arbeit erfordern, viel gewinnbringender sind.

2. Die Veränderungen in den Gewinnausweisen, herrührend von Veränderungen in den Verkaufspreisen, müssen richtig gefaßt und gezeigt werden.

3. Es ist sehr wichtig den Wirkungsgrad des Vertriebes zu kennen, getrennt nach Erzeugnisgruppen, Vertriebsbüros, Vertretern, Gegenden, Ländern usw.

E. Die Verrechnung.

1. Ein neuzeitliches Rechnungssystem soll die Möglichkeit bieten, die richtigen Kosten der Erzeugnisse zu ermitteln.

2. Die in die hunderte gehenden Bestandteile einer Maschine sind in der Regel aus Arbeiten hervorgegangen, die oft um Monate zurückliegen. Wenn man die heutigen Selbstkosten der Maschine kennen will, müssen alle Teile nochmals nachgerechnet und die Materialien auf den heutigen Marktpreis umgerechnet werden. Das Standardsystem verwendet zu diesem Zwecke Verhältniszahlen und kann die Ursachen von Abweichungen gegenüber dem Voranschlag ohne weiteres angeben. In Zeiten großer Preisschwankungen können alte Nachrechnungen zu einem ganz falschen Bilde der heutigen Selbstkosten führen.

3. Die Angaben der Nachrechnung sind nicht geeignet zu Standardbildungen im Sinne des Standardsystems.

4. Das bisherige Rechnungssystem gibt wohl über die Produktion, jedoch nicht über den Leerlauf und den Stillstand Auskunft. Es besteht ein gewaltiger Unterschied zwischen der Erkenntnis, daß durch ungenügende Beschäftigung die Kosten der Erzeugnisse gesteigert werden und der Vorlage von monatlichen Zahlen, aus denen die durch ungenügende Beschäftigung entstandenen Verluste ersichtlich sind. Nur wenn die Kosten der Produktion denen des Leerlaufes gegenübergestellt werden, kann eine Einsicht in die entstandenen Verluste erhalten werden, die dann von selbst zu Maßnahmen führt, um sie zu vermindern oder zu verhüten.

5. Bei der praktischen Anwendung des Standardsystems auf die Herstellung werden grundsätzlich miteinander verglichen; die für die Erzeugnisse während eines Zeitabschnittes wirklich ausgegebenen Beträge für Aufwendungen an Material, Lohn, festen und veänderlichen Gemeinkosten mit jenen Beträgen, die laut den Voranschlägen standardgemäß hätten aufgewendet werden sollen. Aus den Elementen werden die Selbstkosten gebildet, einmal, wie sie sein sollten und das andere Mal, wie sie tatsächlich sind.

Die Zahl der Ursachenstandards, z. B. Mehr- oder Minderverbrauch an Material, höhere oder niedrigere Einkaufspreise der Materialien, Mehr- oder Minderverbrauch an Lohn, höhere oder niedrigere Lohnsätze usw. kann nach Belieben gewählt werden.

6. Das System darf in seinem Aufbau verwickelt, muß aber in der Anwendung einfach sein und nur gering besoldeter Arbeitskräfte bedürfen.

7. Der Hauptrechnungsführer soll 95 % seiner Zeit auf die Auslegung und Erklärung der Zahlen verwenden und nur 5 % auf deren Zusammenstellung. Zu dem Zwecke sind schriftliche und graphische Arbeitspläne auszuarbeiten.

8. Die Meldungen an die Direktion müssen kurz und übersichtlich sein, nicht zu viel unnötige Zahlenangaben enthalten und sich nur auf das wesentlichste beschränken.

9. Das bisherige Rechnungssystem vermittelt nur die Erkenntnis, daß das Geld „hin" ist, nicht aber, warum und wohin es „hin" ist.

10. Die wirtschaftlich arbeitenden Unternehmungen sind nicht deswegen erfolgreich, weil sie mit einem hohen, sondern weil sie mit einem weniger schlechten Wirkungsgrad arbeiten als andere.

11. Der neuzeitliche Fabrikleiter muß sich eher durch zukünftige Möglichkeiten als durch vergangene Leistungen leiten lassen.

12. Vorwärtsschauend und nicht rückwärtsblickend, prospektiv und nicht retrospektiv soll das Rechnungssystem der Zukunft sein.

3. **Kritische Besprechung.** Die Bezugnahme aller Leistungsstandards auf den n or m a l e n Beschäftigungsgrad muß vorderhand als eine besondere Schwäche des von den Amerikanern empfohlenen Standardsystems bezeichnet werden. Es mag für die amerikanischen Unternehmungen, die sich bekanntlich seit dem Kriege in einer ununterbrochenen Hochkonjunktur befinden, interessant sein zu wissen, welche Verluste durch eine Abnahme der Beschäftigung entstehen werden; für uns in Europa ist die Unterbeschäftigung die Regel und wir haben den Einfluß des Beschäftigungsgrades auf die Entwicklung der Kosten schon längst in unseren Berechnungen miteinbezogen.

Die V o r r e c h n u n g ist auf jeden Fall dasjenige Gebiet, auf welchem wir von den Amerikanern nichts zu lernen haben. Lange bevor man sich in Amerika an die Einführung des Prämienlohnsystems heranwagte, hatten wir das viel bessere Stücklohnsystem, das gerade auf die Vorrechnung der einzelnen Arbeitsoperationen aufgebaut werden mußte. Es dürfte zur Zeit kaum ein einziges Fabrikunternehmen von Bedeutung bestehen, in welchem nicht der Grundsatz durchgeführt ist, daß keine Arbeit angefangen werden darf, ohne daß ihre Kosten vorher bestimmt wurden.

Im Übrigen bedarf es nur eines kurzen Einblickes in den „Grundplan" Abb. 8, Nr. V und VI, um die Bedeutung zu erkennen, die der Vorrechnung in ihren beiden Arten der Angebot- und Werkstatt-Vorrechnung in unserm Rechnungssystem eingeräumt ist.

Auf die planmäßige A r b e i t s v o r b e r e i t u n g wird vom Standpunkt der Betriebsführung in allen gut geleiteten Unternehmungen eine ganz besondere Sorgfalt verwendet. Die Einführung der Fließarbeit hat den Nachweis geleistet, daß nennenswerte Fehler in den Schätzungen und Berechnungen der für die Vorbereitung erforderlichen Zeiten und Verfahren nicht oder in nur unerheblichem Maße gemacht worden sind. Es muß ausdrücklich betont werden, daß die vermehrte Aufmerksamkeit, die die Arbeitsvorbereitung bei uns gefunden hat, nicht auf einer bloßen Nachahmung amerikanischer Arbeitsmethoden beruht, sondern daß sie uns durch die unerbittlichen Folgen des Krieges aufgenötigt worden ist. Die vom AwF aufgestellten Richtlinien für die Arbeitsvorbereitung der Betriebsführung wie für die Arbeiten im Konstruktionsbüro dürften wohl in keiner Hinsicht hinter jenen unserer amerikanischen Kollegen zurückstehen.

In Bezug auf die Verfahrenstufen der A u s f ü h r u n g und des V e r t r i e b e s sind keine neuen Gesichtspunkte erkenntlich, mit Ausnahme des Gedankens, daß bei der Beurteilung der Leistungen dem Begriff des Wirkungsgrades und seiner Anwendung vermehrte Aufmerksamkeit geschenkt werden könnte und auf den wir sogleich zurückkommen werden. Was die Behauptung anbelangt, daß wohl kein einziges der bisherigen Rechnungssysteme imstande sei, über die durch den Verkauf erzielten Gewinne Auskunft zu geben, erübrigt sich der Nachweis des Gegenteils.

Die V e r r e c h n u n g erfordert beim Standardsystem mit Rücksicht auf die Vorschrift, daß die wirklichen Aufwendungen an den veranschlagten zu messen seien, genau dieselben Niederschriften wie bei unserm System. Neue Gesichtspunkte werden durch die amerikanischen Vorschläge nicht aufgedeckt.

Die folgerichtige Anwendung von V e r h ä l t n i s z a h l e n und der Einbezug der Ursachen von Abweichungen gegenüber den Voranschlägen, wirken auf den ersten Blick bestechend. Bei Aufwendung der gleichen Mehrarbeit können wir aus unseren Nachrechnungsbogen genau die gleichen Vorteile ziehen, wenn sie überhaupt als solche anzusprechen sind.

Was die Verhältniszahlen als Hilfsmittel zur Selbstkostenermittlung insbesondere anbetrifft, so haben u. E. die „Selbstkosten-Änderungsziffern" des Vereins deutscher Maschinenbauanstalten einen ungleich größern Wert (VDMA Druckschrift Nr. 5: die Anwendung des Bauklassenverfahrens in der Selbstkostenberechnung). Die planmäßige

Verwendung dieser Verhältniszahlen, verbunden mit der Einführung des Systems der „festen Verrechnungspreise" für die gegenseitigen Leistungen, zunächst der Abteilungen eines und desselben Unternehmens, dann für Leistungen zwischen verschiedenen Unternehmungen, mit in der Folge verbandsmäßig festgesetzten Normen zur Aufstellung solcher Preise, dürfte in wenigen Jahren zu kombinierten in- und externen Standards von hohem Sicherheitsgrade führen.*)

4. Folgerungen und Möglichkeiten.

1. Die Besprechung hat das Ergebnis gezeitigt, daß das S t a n d a r d s y s t e m als R e c h n u n g s s y s t e m dem unsrigen i n k e i n e r H i n s i c h t ü b e r l e g e n ist.

2. Dagegen ist das Standardsystem berufen, als B u d g e t s y s t e m in der Zukunft eine Rolle zu spielen. Die „Verhältniszahlen" und die „Ursachen" erlangen bei diesem System eine unleugbare Bedeutung als Hilfsmittel zur Kontrolle. Die Zeiten, in welchen aufs Geratewohl gewirtschaftet werden kann, sind endgültig vorbei, kein Unternehmen kann sich der Pflicht entziehen, mindestens ein planmäßiges Budget für alle einigermaßen wichtigen und der V o r a u s b e s t i m m u n g z u g ä n g l i c h e n A u f w e n d u n g e n aufzustellen. Ein solches Budget und seine Einhaltung durch häufige Prüfungen — die Budgetkontrolle — werden zweifellos einen erzieherischen Einfluß auf das gesamte Personal ausüben. Es ist doch sicher etwas anders, dem Arbeiter A sagen zu müssen, daß seine Arbeiten uns nicht befriedigen und ihm an Hand der Vorrechnungen nachzuweisen, daß er nur 70% der Leistungen aufzuweisen hat, die wir von ihm erwartet haben. Der Verkaufsingenieur B wird sich wohl oder übel eine Beurteilung seiner Leistungen zu 80% gefallen lassen müssen, wenn wir ihm den Vergleich zwischen seinen wirklichen Leistungen und den erwarteten schriftlich vor Augen führen können u. a. m.

3. In bezug auf die interne Wirtschaft hat das B u d g e t s y s t e m die wertvolle Eigenschaft V e r l u s t q u e l l e n a l l e r A r t aufzudecken. Man sehe sich die Einzelheiten des Stellenplans Abb. 11 mit prüfendem Blicke an, dann wird man finden, daß keine einzige Stelle vorhanden ist, die es nicht wert wäre, bezüglich ihrer Ausgaben einer fortlaufenden Prüfung unterzogen zu werden. Alle Stellen ohne Ausnahme geben Veranlassung zu, zum Zeil recht erheblichen Aufwendungen, die ohne Budgets, ohne zum voraus bestmöglichst aufgestellte Voranschläge, Überraschungen zutage fördern können, die in zahlenmäßiger Betrachtung stets zu recht unerquicklichen Auseinandersetzungen zu führen pflegen.

Wohl sind die von der „Arbeitsgemeinschaft deutscher Betriebsingenieure" (ADB) eingeleiteten Schritte zunächst zur technischen Verlustquellenforschung aller Beachtung wert, sie sollten aber in wesentlich erweiterter Form methodisch und systematisch auf a l l e n G e b i e t e n überhaupt durchgeführt werden und zu dem Zwecke ist die Aufstellung von B u d g e t s für alle in Frage kommenden Stellen und ihre ständige Beobachtung durch eine B u d g e t k o n t r o l l e ein erstes Erfordernis.

4. Eine zunächst unscheinbare, mit der Zeit jedoch ganz sicher wichtige — wenn nicht die wichtigste — Rolle wird das Budgetsystem zu spielen berufen sein in V e r b i n d u n g m i t d e r K o n j u n k t u r f o r s c h u n g. Die vom Fachausschuß der Harvard Universität in Amerika aufgestellten Normen für die Erfassung und die Auslegung von Konjunkturschwankungen haben bekanntlich dazu geführt, daß in allen Ländern der neuen Wissenschaft der Konjunkturforschung die allergrößte Beachtung geschenkt wird. In diesem Zusammenhang mögen die Arbeiten und Veröffentlichungen des „Instituts für Konjunkturforschung", Berlin, sowie die „Wirtschaftskurve" der Frankfurter Zeitung an-

---

*) Während der Drucklegung des vorliegenden Werkes hatten wir die Genugtuung, dem Aufsatze des Herrn Schulz-Mehrin „Betriebsvergleiche" in Heft 8 vom 21. April 1927 der Zeitschrift „Maschinenbau" entnehmen zu können, daß die praktische Verwertung der oben entwickelten Gedanken durch den immer rührigen VDMA zum Teil in die Wege geleitet worden ist. Der Verf.

geführt werden. Zweifellos dürfte es in absehbarer Zeit gelingen, wenigstens die Hauptgesetze der Konjunkturschwankungen in Formen zu bringen, die ihre unmittelbare Auswertung möglich machen. Günstige Einflüsse können vom wirtschaftlichen Gesichtspunkte nur angenehm empfunden werden. Schädliche Einwirkungen von außen auf den innern Betrieb oder auf Teile desselben, müssen durch Gegenmaßnahmen wenn auch nicht ganz eliminiert, so doch in ihren Wirkungen auf ein erträgliches Maß abgeschwächt werden. Die Budgets bilden diejenigen Elemente der Betriebsführung, die auf äußere Einflüsse zu reagieren und so gleichsam als „Barometer" die Veränderungen in den Wirtschaftsvorgängen anzuzeigen haben.

    5. **Zusammenfassung der Standardpraxis.** 1. Das Standardsystem ist als Rechnungssystem abzulehnen, weil es gegenüber unserm jetzigen Rechnungssystem keine Vorteile bietet,

        dagegen ist es als Budgetsystem berufen,

2. intern, durch das Mittel der Budgetkontrolle, die Rolle eines nie versagenden, stets bereiten und systematischen Verlustquellen-Anzeigers,

3. extern, in Verbindung mit der Konjunkturforschung und der Konjunkturbeobachtung, die Rolle eines auf Wirtschaftsschwankungen reagierenden Barometers zu spielen, und darin liegt seine wahre Bedeutung.